Rohgaskonditionierung und Partikelabscheidung

Univ.-Prof. Dr.-Ing. habil. Eberhard Schmidt

Fachgebiet Sicherheitstechnik/Umweltschutz

Bergische Universität - Gesamthochschule Wuppertal

Berichte aus der Verfahrenstechnik

Eberhard Schmidt

Rohgaskonditionierung und Partikelabscheidung

Shaker Verlag
Aachen 2000

Die Deutsche Bibliothek - CIP-Einheitsaufnahme

Schmidt, Eberhard:
Rohgaskonditionierung und Partikelabscheidung /
Eberhard Schmidt. Aachen : Shaker, 2000
(Berichte aus der Verfahrenstechnik)

ISBN 3-8265-8225-X

Printed in Germany.

ISBN 3-8265-8225-X
ISSN 0945-1021

Shaker Verlag GmbH • Postfach 1290 • 52013 Aachen
Telefon: 02407 / 95 96 - 0 • Telefax: 02407 / 95 96 - 9
Internet: www.shaker.de • eMail: info@shaker.de

Es gibt ein Leben vor dem Tod.

Vorwort

Die Idee zur Erstellung der vorliegenden Schrift ist während meiner schönen Zeit am Institut für Mechanische Verfahrenstechnik und Mechanik der Universität Karlsruhe (TH) aufgekommen. Der von Herrn Professor Friedrich Löffler über viele Jahre hinweg veranstaltete Hochschulkurs "Staubabscheiden" gab den Rahmen und die von Herrn Doktor Andreas Gutsch hierzu verfasste Ergänzung "Aerosolkonditionierung" stellte den Grundstein dar. Erweitert um in der Literatur zu findende Veröffentlichungen und eigene Forschungsergebnisse wird der Stand des Wissens zum Thema Rohgaskonditionierung mit direktem Bezug zur Partikelabscheidung erstmals zusammenfassend dokumentiert und diskutiert.

Wuppertal, im November 2000

Eberhard Schmidt

für

Simone, Marisa und Helena

Inhalt

1 Einführung

Die zunehmend geforderte Verringerung partikelförmiger Emissionen, besonders im toxisch oft stark belasteten Feinstpartikelbereich unterhalb einer Größe von 1 µm, stellt an die Effektivität bestehender Abscheideverfahren zum Teil extreme Anforderungen. Problematisch ist die Abscheidung solcher feinsten Partikeln insbesondere bei Systemen, bei denen der Trennvorgang im wesentlichen auf massenproportionalen Effekten beruht, wie beispielsweise beim Gaszyklon oder vielen Nassabscheidern. Diese Verfahren erlauben nur unter erhöhtem technischen Aufwand eine effiziente Abscheidung submikroner Partikeln. Aber auch im Bereich der Oberflächenfiltration (z. B. bei Schlauchfilteranlagen) wird das Betriebsverhalten der Abscheider, im wesentlichen gekennzeichnet durch den Druckverlust und die Regenerierbarkeit der Filtermedien, zunehmend problematisch, wenn Partikeln unterhalb von 1 µm abgeschieden werden sollen.

Doch nicht nur die Größe der abzuscheidenden Partikeln sondern auch andere Partikelmerkmale, wie deren Klebrigkeit, Abrasivität, elektrische Leitfähigkeit etc., können an sich bewährte Abscheider vor arge Belastungsproben stellen.

Da grundsätzliche Modifikationen der verschiedenen Abscheideverfahren im Hinblick auf die Vermeidung der auftretenden systemspezifischen Probleme nur schwer bzw. gar nicht zu realisieren sind, verfolgen neuere Entwicklungen den Weg der sog. Konditionierung. Generelles Ziel einer solchen Konditionierung ist die gezielte Beeinflussung der abscheiderelevanten Gas-, Partikel- und/oder Apparateeigenschaften, so dass bei gleicher Trenntechnik eine effektivere bzw. vereinfachte Abscheidung ermöglicht wird.

Die bisher entwickelten Verfahrenskonzepte zur Rohgaskonditionierung basieren im wesentlichen auf folgender Vorgehensweise: Zunächst wird das Rohgas der Konditionierungsstufe zugeführt, im Anschluss daran erfolgt die Abscheidung des nun modifizierten Aerosols. Die Verfahrensstufen "Konditionierung" und “Abscheidung” können sowohl innerhalb eines Apparates als auch in zwei voneinander getrennten Anlagenkomponenten realisiert werden. Unabhängig von der Bauart ist die Rohgaskonditionierung eine eigenständige verfahrenstechnische Grundoperation, deren Aufgabe die Anpassung der Aerosoleigenschaften an die vom jeweiligen Abscheideverfahren bestimmten Anforderungen ist.

Die Rohgaskonditionierung beinhaltet im wesentlichen die Beeinflussung folgender bei der Abscheidung bedeutsamer Eigenschaften:

- Partikelgrößenverteilung
- Partikelgestalt bzw. -struktur
- Partikelkonzentration
- Haft- und Sintereigenschaften
- Elektrische Leitfähigkeit

Bei der Effektivitätssteigerung von Trägheitsabscheidern ist das primäre Ziel der Rohgaskonditionierung die Partikelvergrößerung. Bei der Oberflächenfiltration, die prinzipiell eine nahezu vollständige Partikelabscheidung erlaubt, ist neben der Partikelvergrößerung, die im Extremfall erst die Funktionstüchtigkeit gewährleistet, die Beeinflussung der Partikelgestalt sowie der Haft- und Sintereigenschaften von Bedeutung. Die zu letzt genannten Eigenschaften bestimmen maßgeblich das Betriebsverhalten bezüglich Druckverlust und Regenerierung. Deshalb sind sie insbesondere für die Betriebskosten relevant.

In diesem Beitrag wird auf verschiedene Möglichkeiten eingegangen, wie sich durch Rohgaskonditionierung und weitere additive Maßnahmen das Betriebsverhalten von Gasreinigungsanlagen beeinflussen lässt. Bei diesen Verfahren werden entweder zusätzliche Stoffe oder zusätzliche Energien in die Anlagen eingebracht. Zur ersten Gruppe zählen beispielsweise das Precoatieren und das permanente Dosieren von Additiven, zur zweiten Gruppe gehören die elektrische und die akustische Beeinflussung. Die folgenden Beispiele für Ausführungen sowohl im Labor- und Pilotmaßstab als auch im industriellen Maßstab zeigen, dass zum Teil ein erhebliches Potential zur Verbesserung der Emissionsminderung, der Regenerierbarkeit, der Standzeit, der Kostensituation etc. vorliegt.

Es kann jedoch zur Zeit nicht davon ausgegangen werden, dass diese Verfahren schon auf breiter Front Einzug in die industrielle Praxis gehalten hätten. Vielmehr handelt es sich zum überwiegenden Teil um Ergebnisse, die durch Untersuchungen und Tests in Forschungs- und Entwicklungseinrichtungen erarbeitet werden konnten. Deshalb soll dieser Beitrag als Denkanstoß für industrielle Anwender verstanden werden und die umfangreichen Möglichkeiten der Beeinflussung des Betriebsverhaltens von Anlagen zur Partikelabscheidung aufzeigen. Abschließend kann jedoch festgehalten werden, dass basierend auf den derzeitigen Erkenntnissen insbesondere durch Kombination und Weiterentwicklung verschiedener Konditionierungs- und Trennverfahren die Bereitstellung erfolgreicher Konzepte zur Minimierung der Emission insbesondere feinster Partikeln sicher möglich ist.

2 Konditionierung durch Elektrische Maßnahmen

2.1 Grundlagen der elektrisch induzierten Agglomeration

2.1.1 Agglomeration in der Gasphase

Das im folgenden diskutierte Konditionierungsverfahren mit dem Ziel der Partikelvergrößerung vor der eigentlichen Abscheidung gehört zur Gruppe der Agglomerationsverfahren. Die Agglomeration führt durch Aneinanderlagerung einzelner Partikeln zu zusammenhängenden größeren Partikelverbänden. Erreichen die Agglomerate dabei eine Größe, die ihre Abscheidung mittels konventioneller Methoden ermöglicht, kann eine erhebliche Erhöhung des Gesamtabscheidegrades bei gleichbleibender Trenntechnik erzielt werden. Dies wird insbesondere verständlich, wenn berücksichtigt wird, dass die Abscheidung eines einzelnen Agglomerates äquivalent zur Abscheidung sämtlicher im Agglomerat eingebundener Primärpartikeln ist.

Voraussetzung für die Agglomeration ist die Bewegung einzelner Partikeln relativ zueinander. Grundsätzlich lassen sich hier zwei verschiedene Mechanismen unterscheiden: die direkte Agglomeration in der fluiden Phase und die indirekte Agglomeration über die Wandungen des Apparates. Die in diesem Abschnitt beschriebene direkte Agglomeration in der Gasphase wird verursacht durch die Kollision gasgetragener Partikeln untereinander. Bei der im sich anschließenden Abschnitt dargestellten indirekten Agglomeration über die Wandungen eines Apparates treffen die Partikeln zunächst auf einer Wand auf und bleiben dort haften. Beim Auftreffen von weiteren Partikeln entstehen größere Partikelverbände, die durch den Einfluss äußerer Kräfte in die Gasströmung redispergiert werden können.

Im Partikelgrößenbereich unterhalb von 1 µm wird die Dynamik der Partikeln zunehmend durch den stochastischen Einfluss der Brownschen Molekularbewegung bestimmt, so dass auch in ruhenden Systemen immer eine Relativbewegung der Partikeln untereinander vorhanden ist. Die durch die stochastische Bewegung verursachte Agglomeration wird als Diffusionsagglomeration bezeichnet. Diese ist omnipräsent und bestimmt in jedem Fall das Mindestmaß der Agglomeration.

Die Kinetik der Diffusionsagglomeration ist in erster Näherung proportional zum Quadrat der Partikelanzahlkonzentration. Im Rahmen technischer Anwendungen ist die Wirkung der Diffusionsagglomeration, abgesehen von Verfahren zur Partikelsynthese aus Gasphasenreaktionen, von untergeordneter Bedeutung, da eine deutliche Partikelvergrößerung erst oberhalb einer Partikelanzahlkonzentration von $10^8 \ldots 10^9$ 1/cm^3 zu beobachten ist.

Damit die direkte Agglomeration auch unter Berücksichtigung der in technischen Prozessen zur Verfügung stehenden Verweilzeiten Einsatz finden kann, muss durch externe Maßnahmen die Kollisionshäufigkeit der Partikeln erhöht werden. Neben der akustischen Agglomeration, die im wesentlichen auf der Erhöhung der Relativbewegung der Partikeln untereinander beruht (siehe Kapitel 3), ist die elektrisch induzierte Agglomeration in der fluiden Phase Gegenstand neuerer Verfahrensentwicklungen.

Zur Steigerung der Agglomerationsrate stehen bei der elektrischen Agglomeration in der Gasphase nach Gutsch [1] drei unterschiedliche Mechanismen zur Verfügung:

- Erhöhung der Relativbewegung der Partikeln untereinander,
- Vergrößerung der lokalen Partikelkonzentration,
- Erzeugung anziehender Wechselwirkungen zwischen den Partikeln.

Die Erhöhung der Partikelrelativbewegung erfolgt ähnlich wie bei der akustischen Agglomeration, jedoch wird die Schwingungserregung hier nicht mittels des Trägergases sondern durch äußere oszillierende elektrische Felder hervorgerufen (AC-Schwingungsinduktion). Bild 1 zeigt schematisch das Prinzip der elektrischen Agglomeration durch Erhöhung der Relativbewegung der Partikeln untereinander.

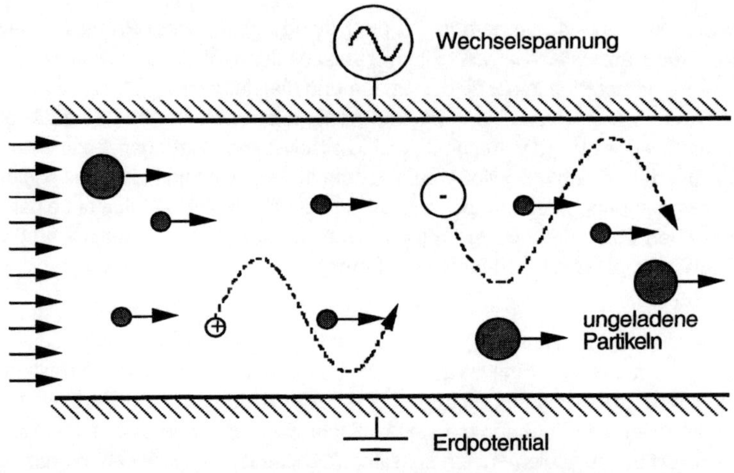

Bild 1 Schema zur Erhöhung der Relativbewegung zwischen positiv resp. negativ geladenen und ungeladenen Partikeln durch elektrische Wechselfelder in einem gasdurchströmten Kanal.

Voraussetzung bei diesem Verfahren ist die Anwesenheit zumindest einiger geladener Partikeln. Diese geladenen Partikeln werden durch ein äußeres oszillierendes elektrisches Feld in Schwingung versetzt, ungeladene Partikeln bleiben hiervon unbeeinflusst. Durch die Schwingungsinduktion kommt es zur Erhöhung der Relativbewegung zwischen geladenen Partikeln entgegengesetzter Polarität sowie zwischen geladenen und ungeladenen Partikeln. In Abängigkeit von der Partikelladung und -größe ist auch eine Erhöhung der Relativbewegung zwischen Partikeln gleicher Polarität möglich. Hier verhindern jedoch die abstoßenden Coulombkräfte in der Regel eine Steigerung der Agglomerationsrate.

Die lokale Erhöhung der Partikelkonzentration beruht auf der fokussierenden Wirkung inhomogener elektrischer Felder. Besitzen die Partikeln die zur felderzeugenden Elektrode komplementäre Polarität, bewegen sie sich unter der Wirkung des inhomogenen Feldes in Richtung zu der Elektrode. Auch auf ungeladene Partikeln wirkt in inhomogenen elektrischen Feldern aufgrund der Polarisation eine Kraft in Richtung zur Feldquelle.

Die Polarisationskräfte beruhen auf der durch das äußere elektrische Feld verursachten Verzerrung der Elektronenbahnen innerhalb des atomaren Gerüstes einer Partikel. Diese Verzerrung führt zu einer geringfügigen Separation der Ladungsschwerpunkte, so dass auch ungeladene Partikeln eine resultierende Kraft erfahren. Beide oben aufgeführten Mechanismen führen zu einer Aufkonzentrierung in der Nähe der felderzeugenden Elektrode. Daher liegt keine homogene Partikelverteilung innerhalb eines solchen Systems vor. Aufgrund der Anreicherung der Partikeln in der Nähe der Feldquelle ergibt sich eine Steigerung der Agglomerationsrate in diesem Gebiet. Bild 2 zeigt schematisch das Prinzip der elektrischen Fokussierung.

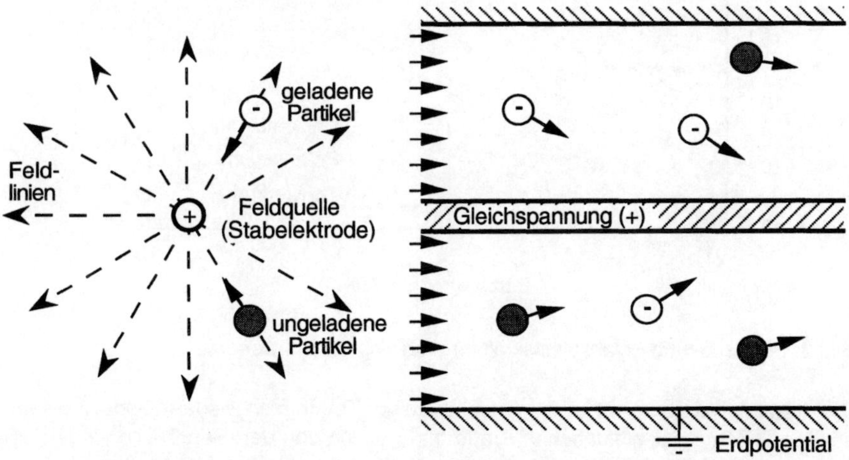

Bild 2 Schema der elektrischen Fokussierung durch eine Stabelektrode in einem gasdurchströmten Rohr zur lokalen Erhöhung der Partikelkonzentration.

Das Aufbringen attraktiver interpartikulärer Wechselwirkungen beruht im wesentlichen auf Coulomb- bzw. Polarisationskräften. Anziehende Coulombkräfte treten ausschließlich zwischen entgegengesetzt geladenen Partikeln auf. Die ebenfalls anziehenden Polarisationskräfte treten sowohl zwischen geladenen Partikeln untereinander als auch zwischen geladenen und ungeladenen Partikeln auf. Von Bedeutung für die Agglomeration sind im wesentlichen jedoch nur die letzteren.

Damit ein Eindruck von der Bedeutung der unterschiedlichen elektrischen Kräfte vermittelt werden kann, zeigt Bild 3 eine Gegenüberstellung von Coulombkraft, Polarisationskraft und Schwerkraft. Die dargestellten Coulombkräfte beziehen sich jeweils auf die Wechselwirkung zwischen zwei gleich großen entgegengesetzt geladenen Partikeln. Der Betrag der Ladung ist für beide Partikeln identisch. Die Polarisationskräfte beziehen sich ebenfalls auf Partikeln gleicher Größe, jedoch ist hier eine Partikel ungeladen. Die ungeladene polarisierte Partikel besitzt eine relative Dielektrizitätszahl von $\varepsilon_r = 5$. Der Abstand der Partikeln beträgt jeweils 10 Partikeldurchmesser, die Flächenladungsdichte q_P/S wurde konstant zu 5,1 10^{-4} C/m² gewählt.

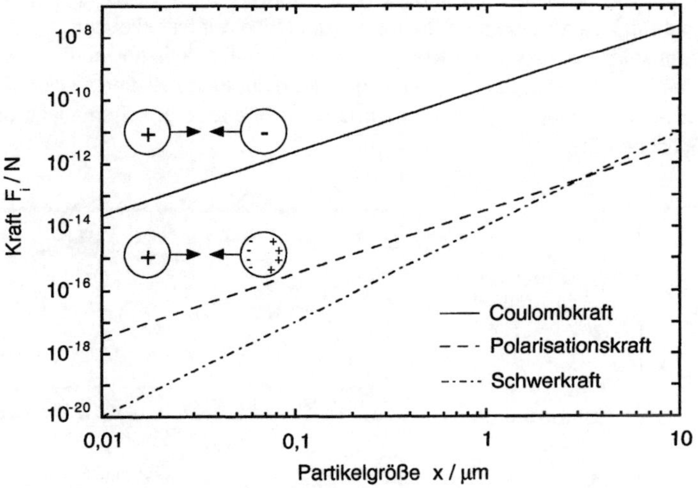

Bild 3 Coulomb- und Polarisationskraft im Vergleich zur Schwerkraft.

Die dargestellte Übersicht kann grundsätzlich nur Tendenzen wiedergeben, da die absoluten Größen der elektrischen Kräfte maßgeblich von den Randbedingungen der Berechnung bestimmt werden (Entfernung der Partikeln, Flächenladungsdichte, relative Dielektrizitätszahl). Die Randbedingungen wurden hier so gewählt, dass die Größe der auftretenden elektrischen Kräfte eher nach oben abgeschätzt ist.

Es zeigt sich, dass die attraktiven Coulombkräfte im gesamten Partikelgrößenbereich dominieren. Die Polarisationskräfte sind um mehrere Größenordnungen geringer als die Coulombkräfte. Ab einer Partikelgröße von ca. 4 µm ist der Einfluss der Schwerkraft von gleicher Bedeutung wie der Einfluss der Polarisation. Im Feinstpartikelbereich unterhalb von 1 µm dominieren jedoch ganz eindeutig die elektrischen Wechselwirkungen. Obwohl die obige Darstellung keine quantitativen Rückschlüsse im Hinblick auf die Steigerung der Agglomerationsrate ermöglicht, kann doch festgestellt werden, dass insbesondere aufgrund von Coulombkräften eine erhebliche Beeinflussung der Partikeldynamik und damit der Agglomerationsrate möglich ist.

Bisher wurden lediglich die bei der elektrischen Agglomeration in der fluiden Phase grundsätzlich zur Verfügung stehenden Mechanismen dargestellt. Im folgenden sollen einige ausgewählte Verfahrensvarianten näher vorgestellt werden. Das von Watanabe et al. [2] entwickelte Verfahren zur elektrischen Agglomeration in der fluiden Phase basiert auf einer Kombination von AC-Schwingungsinduktion und Fokussierung in inhomogenen elektrischen Feldern. Bild 4 zeigt schematisch den Aufbau der zur Untersuchung eingesetzten Apparatur.

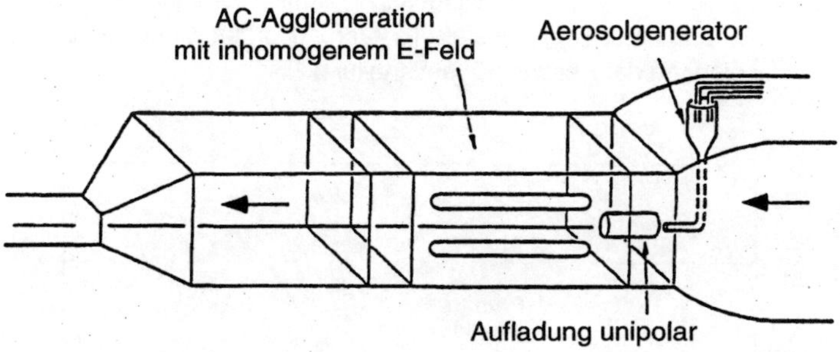

Bild 4 Anlage zur AC-Schwingungsinduktion und elektrischen Fokussierung in inhomogenen elektrischen Feldern [2].

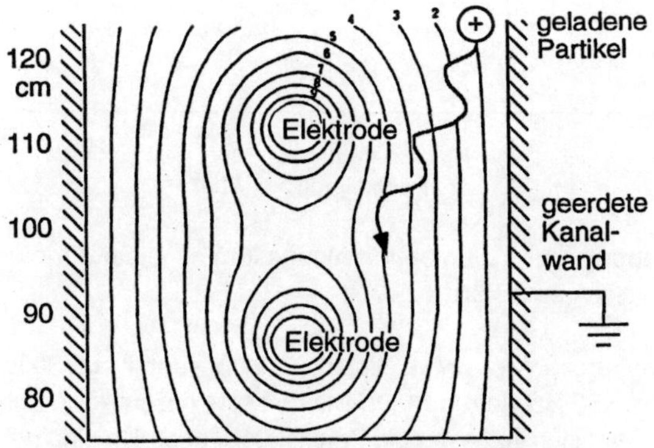

Bild 5 Äquipotentiallinien und Partikelbahn bei elektrischer Konditionierung nach Bild 4.

Vor der eigentlichen Agglomerationszone werden die Partikeln mittels einer konventionellen Koronaentladung unipolar aufgeladen. Die eigentliche Agglomerationszone besitzt zwei in einem geerdeten Rechteckkanal zentral angeordnete Stabelektroden. Die elektrische Beschaltung der Stabelektroden erfolgt derart, dass eine oszillierende Gleichspannung anliegt, wobei die Polarität der Stabelektroden entgegengesetzt zur Partikelpolarität ist. Der Verlauf der elektrischen Äquipotentiallinien sowie die Bahn einer geladenen Partikel sind in Bild 5 wiedergegeben.

Die zuvor aufgeladenen Partikeln driften oszillierend in Richtung zu den Stabelektroden, so dass aufgrund der lokalen Konzentrationserhöhung sowie aufgrund der erhöhten Relativbewegung der Partikeln eine gesteigerte Agglomerationsrate festgestellt werden kann. Bei Verwendung einer Flugasche als Testaerosol ergibt sich die in Bild 6 wiedergegebene Verschiebung der Partikelgrößenverteilung.

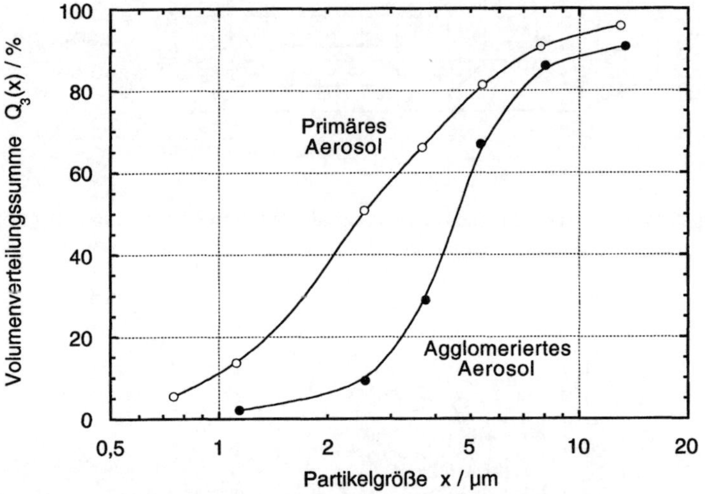

Bild 6 Verschiebung der Volumenverteilungssumme einer Flugasche durch AC-Schwingungsinduktion gemäß Bild 4.

Die Agglomeration erfolgte bei einem Gleichspannungsanteil von 30 kV. Der Wechselspannungsanteil (f = 50 Hz) betrug 11 kV. Die Massenkonzentration des Primäraerosols war 9,9 g/m^3. Es zeigt sich im gesamten Partikelgrößenbereich eine deutliche Verschiebung der Verteilung zu größeren Partikelgrößen. Besonders ausgeprägt ist die Partikelvergrößerung im Bereich zwischen 1 µm und 3 µm.

Ein Nachteil der hier beschriebenen Anordnung ist, dass die Agglomerationszone prinzipiell dem Aufbau eines Elektroabscheiders sehr ähnlich ist, und somit eine unerwünscht hohe Partikeldeposition im Bereich der Stabelektroden zu beobachten ist. Diese Deposition ist bei elektrisch isolierenden Stäuben besonders problematisch, da auf den Stabelektroden ein kontinuierliches Wachstum eines Staubkuchens stattfinden kann. Solche Partikelablagerungen führen einerseits zur Reduktion des wirksamen elektrischen Feldes, andererseits kann unter bestimmten Bedingungen die gesamte Konfiguration durch die Partikelablagerungen verstopfen.

Das von Eliasson et al. [3] entwickelte Konzept zur elektrischen Agglomeration beruht ausschließlich auf attraktiven interpartikulären Wechselwirkungen. Bild 7 zeigt die schematische Darstellung des Verfahrens.

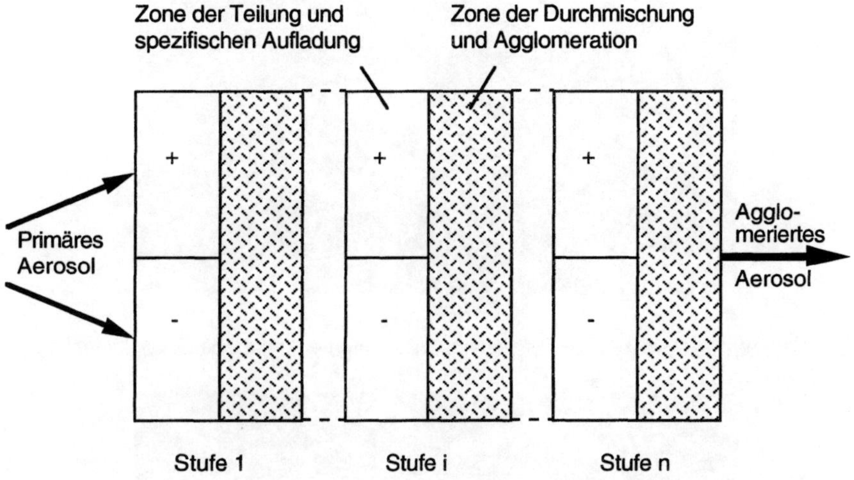

Bild 7 Mehrstufige Generierung entgegengesetzt geladener Partikeln durch wiederholte Volumenstromteilung und Koronaaufladung mit nachgeschalteter Vermischung und Agglomeration.

Bei diesem Verfahren erfolgt die Aufladung der Partikeln in räumlich getrennten Bereichen. Ein Teilgasstrom wird duch konventionelle Koronaentladung positiv aufgeladen, der andere wird in gleicher Weise negativ aufgeladen. Nach Durchströmen der Aufladezonen werden die Teilgasströme zusammengeführt, so dass jetzt positiv und negativ geladene Partikeln nebeneinander vorliegen. Dieses bipolar geladene Aerosol besitzt nun aufgrund der attraktiven Wechselwirkung zwischen entgegengesetzt geladenen Partikeln eine erhöhte Agglomerationsneigung.

Mit der Agglomeration entgegengesetzt geladener Partikeln geht die Rekombination von Ladungen einher. Damit ein hohes Wechselwirkungspotential erhalten bleibt, ist eine wiederholte Aufladung der Partikeln notwendig. Dies geschieht hier durch eine erneute Volumenstromteilung mit wiederholter polaritätsspezifischer Aufladung. Experimentelle Untersuchungen haben die grundsätzliche Funktionsfähigkeit des beschriebenen Verfahrens bestätigt. Die Bilder 8 und 9 zeigen REM-Aufnahmen eines bimodalen Aerosols ohne und mit elektrischer Agglomeration.

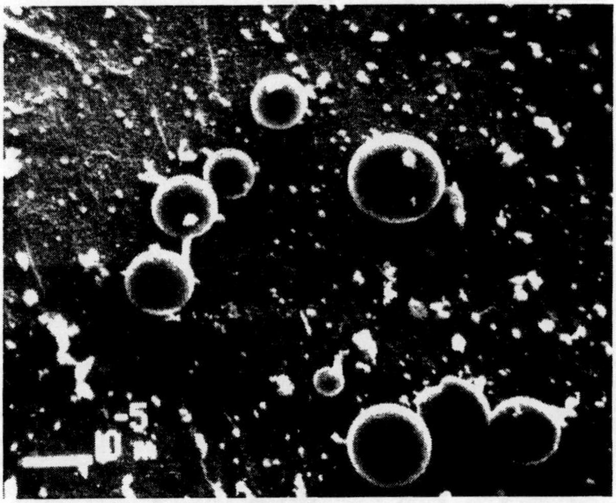

Bild 8 Bimodales Primäraerosol (Kalksteinpartikeln und 10 µm große Glaskugeln) [3].

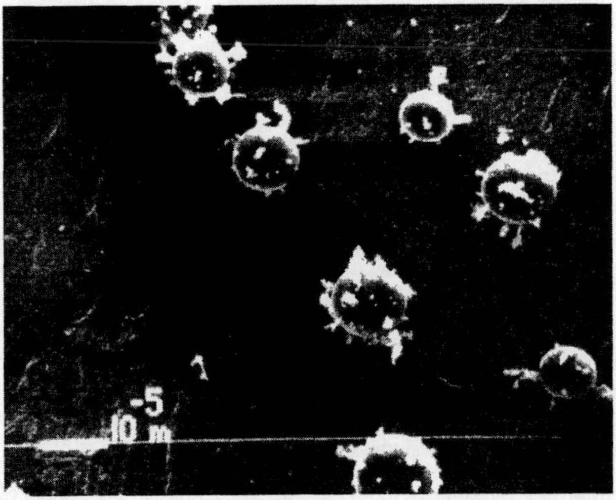

Bild 9 Agglomerate aus jeweils mehreren Kalksteinpartikeln und einer Glaskugel entstanden durch elektrische Agglomeration mit entgegengesetzter Aufladung (vgl. Bild 8).

Das primäre Aerosol besteht aus Glaskugeln und Kalksteinpartikeln, die kaum miteinander agglomeriert sind. Nach dem Durchströmen zweier Aufladestufen zeigt sich, dass es gelingt, eine Vielzahl der kleineren Kalksteinpartikeln an die größeren Glaskugeln anzulagern. Dieser als "Scavenging" bezeichnete Vorgang ist vor dem Hintergrund der Abscheidung feinster Partikeln von besonderem Interesse, da es zum Teil sehr schwierig ist, aus feinsten Partikeln Agglomerate aufzubauen, die den Anforderungen an eine effiziente Abscheidung mittels konventioneller Abscheider genügen. Gelingt die Anlagerung feinster Partikeln an bereits vorhandene größere Partikeln, die leichter abzuscheiden sind, können diese Schwierigkeiten umgangen werden.

Problematisch ist bei dem vorgestellten Verfahren, dass die polaritätsspezifische Aufladung der Partikeln in räumlich getrennten Bereichen stattfindet. Diese Bereiche fungieren immer auch als Elektrische Abscheider und verursachen dadurch eine meist unerwünschte Partikeldeposition. Darüber hinaus ist eine äußerst schnelle und effiziente Durchmischung der entgegengesetzt geladenen Teilgasströme hinter den Aufladezonen notwendig, denn nur eine räumlich homogene Verteilung der entgegengesetzt geladenen Partikeln führt zu einer signifikanten Erhöhung der Agglomerationsrate.

Eine weitere Methode zur bipolaren Aufladung und Agglomeration wurde von Gutsch und Löffler [4] entwickelt. Bei diesem Verfahren werden die Nachteile, die aus der räumlichen Separation der Aufladezonen resultieren, durch folgende in Bild 10 dargestellte Konzeptionierung vermieden.

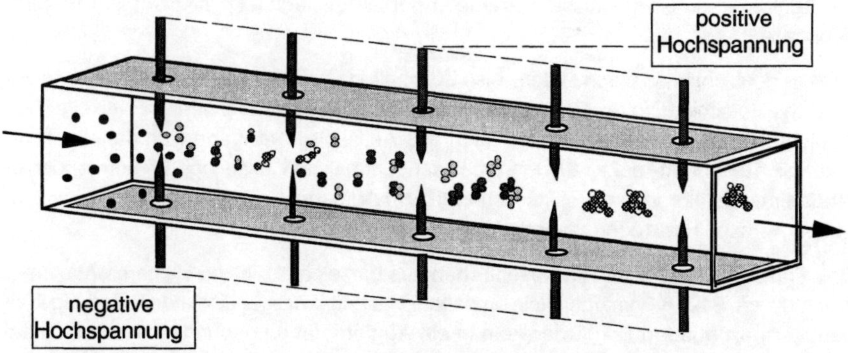

Bild 10 Verfahren zur wiederholten bipolaren Aufladung mittels mehrerer Nadelelektrodenpaare und anschließender Agglomeration ohne Volumenstromteilung [4].

Bei diesem Verfahren wird die Aufladung des Aerosols im Gleichspannungsfeld mit Hilfe von Nadelelektroden realisiert. Die in dem Strömungskanal zentral angeordneten Nadelelektroden werden derart elektrisch beschaltet, dass eine makroskopisch stabile Korona zwischen jeweils gegenüberliegenden Elektroden brennt. Die Kanalwände sind aus elektrisch isolierendem Material, so dass basierend auf der fokussierenden Wirkung der Nadelelektroden die Einkopplung der externen elektrischen Felder in räumlich sehr eng begrenzten Bereichen erfolgt. Dies ist sowohl im Hinblick auf die Reduzierung der unerwünschten Partikeldeposition im Bereich der Aufladezonen als auch im Hinblick auf die tatsächlich störende Wirkung externer elektrischer Felder bei der Annäherung entgegengesetzt geladener Partikeln von besonderer Bedeutung. Darüber hinaus gewährleistet diese Verfahrensweise die Generierung entgegengesetzt geladener Partikeln in unmittelbarer Nachbarschaft, so dass eine zusätzliche Durchmischung des Aerosols entfällt.

Die Partikelladungsverteilung wird durch das elektrische Potential der Elektroden gesteuert. Bei positiver Koronaaufladung (eine Elektrode auf positivem Potential, die gegenüberliegende Elektrode geerdet) werden überwiegend positiv geladene Partikeln nachgewiesen. Bei negativer Koronaaufladung entstehen in analoger Weise nahezu ausschließlich negativ geladene Partikeln. Ein nahezu symmetrisches Potentialverhältnis führt zu einem weitgehend symmetrisch bipolar geladenen Aerosol. D. h. der Anteil positiv geladener Partikeln ist nahezu identisch mit dem Anteil negativ geladener Partikeln. Damit eine permanent hohe Agglomerationsrate erzielt werden kann, ist auch bei diesem Verfahren wegen der parallel zur Agglomeration stattfindenden Rekombination von Ladungen eine wiederholte Aufladung der Partikeln notwendig.

Experimentelle Ergebnisse mit einem NaCl-Kondensationsaerosol zeigen, dass durch eine wiederholte bipolare Aufladung des Aerosols eine sukzessive Partikelvergrößerung realisiert werden kann. Bild 11 zeigt die bei mehrfach bipolarer Aufladung ermittelten Agglomerationsergebnisse. Parameter der Darstellung ist die Anzahl der Elektrodenpaare.

Es wird deutlich, dass durch stufenweise Zuschaltung weiterer Elektrodenpaare eine zusätzliche Verschiebung der Partikelgrößenverteilung in Bereiche größerer Partikelgrößen erreicht wurde. Die Anzahlkonzentration des Aerosols verringerte sich dabei von ursprünglich 10^7 1/cm^3 auf ca $8 \cdot 10^5$ 1/cm^3 nach fünfmaliger Aufladung. Die korrespondierenden rasterelektronenmikroskopischen (REM) Aufnahmen sind in den Bildern 12 (primäres Aerosol) und 13 (agglomeriertes Aerosol) dargestellt.

Das Primäraerosol besteht im wesentlichen aus Einzelpartikeln und kleineren Agglomeraten, die ca. 3 bis 6 Primärpartikeln enthalten. Nach fünfmaliger bipolarer Aufladung können mehrere hundert Primärpartikeln in ein Agglomerat eingebunden werden. Dabei dominieren kettenförmige, langgestreckte Agglomerate. Die resultierende Agglomeratgestalt weicht in signifikanter Weise von der eher kompakten Gestalt ab, die sich bei rein diffusiver Partikeldynamik einstellt. Ursache hierfür sind die zum Teil stark inhomogenen elektrischen Felder im Nahbereich der Partikeln, die zu einem bevorzugten Längenwachstum führen [1].

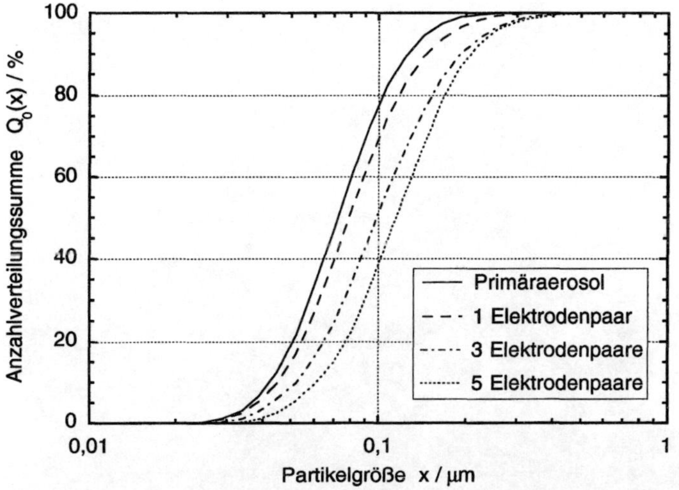

Bild 11 Vergleich zwischen Primäraerosol und mehrfach bipolar aufgeladenem Aerosol anhand der mit einem Mobilitätsanalysator (SMPS) ermittelten Partikelgrößenverteilungen [4].

Anhand der hier gezeigten Ergebnisse wird deutlich, dass die elektrische Agglomeration in der fluiden Phase durchaus eine probate Methode zur Partikelvergrößerung darstellt. Im Partikelgrößenbereich kleiner 0,1 µm kann insbesondere durch die Induktion anziehender Coulombkräfte eine erhebliche Steigerung der Agglomerationsrate erzielt werden.

Die Grenzen der Agglomeration in der fluiden Phase sind jedoch dadurch gegeben, dass parallel zur Agglomeration eine Verringerung der Anzahlkonzentration stattfindet und dadurch die Kollisionswahrscheinlichkeit reduziert wird. Die Agglomeration in der fluiden Phase läuft daher in Abhängigkeit von den Randbedingungen mehr oder weniger schnell in eine Selbsthemmung. Im Gegensatz dazu sind diese Probleme bei der im folgenden Abschnitt beschriebenen indirekten Agglomeration von untergeordneter Bedeutung.

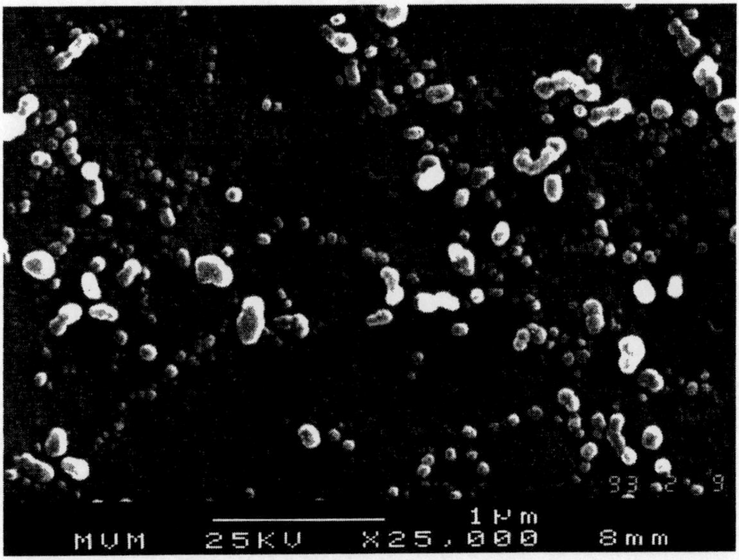

Bild 12 REM-Aufnahme eines NaCl-Primäraerosols.

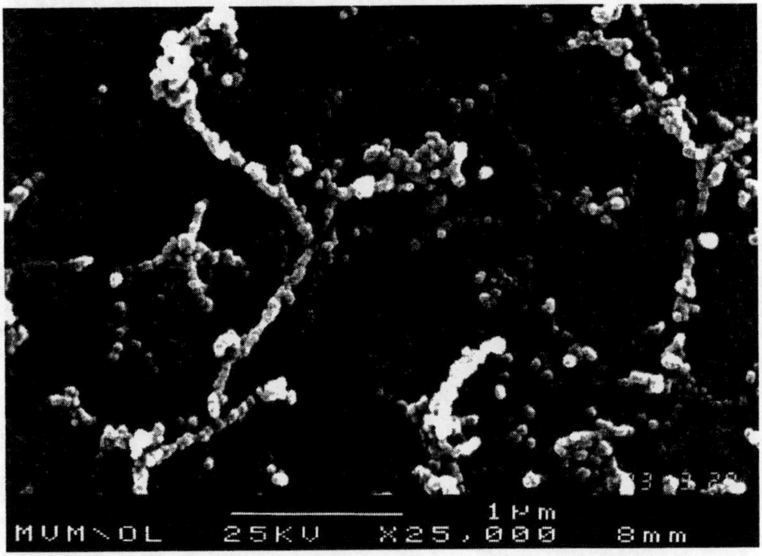

Bild 13 REM-Aufnahme eines NaCl-Aerosols nach fünfmaliger bipolarer Aufladung und Agglomeration (vgl. Bild 12).

2.1.2 Agglomeration über Wandungen

Das Prinzip der indirekten Agglomeration basiert auf der Deposition von Partikeln an den im Verfahrensraum vorhandenen Oberflächen. Durch das kontinuierliche Auftreffen von Partikeln an diesen Oberflächen bilden sich dort größere Partikelverbände. In Abhängigkeit von den lokal wirksamen haltenden und trennenden Kräften werden die Partikelverbände mehr oder weniger vollständig in die Gasströmung redispergiert. Bild 14 zeigt schematisch das Prinzip der indirekten Agglomeration.

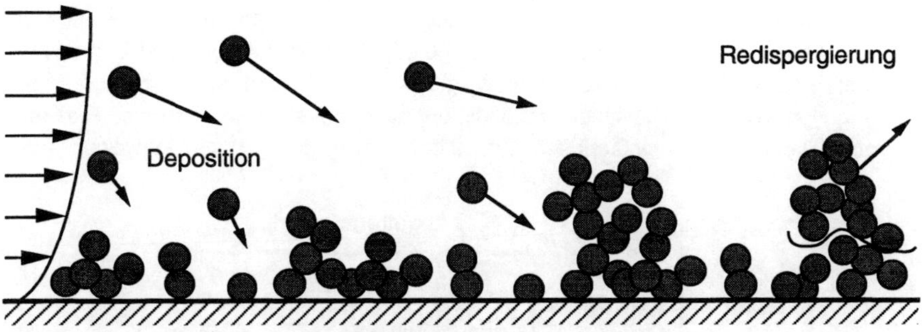

Bild 14 Schema der indirekten Agglomeration durch Deposition an einer Wand und sich anschließende Redispergierung beispielsweise durch Strömungskräfte.

Der Transport der Partikeln zur Wand kann durch unterschiedliche Mechanismen hervorgerufen werden: zum Beispiel durch thermische oder turbulente Diffusion, Sedimentation im Zentrifugalfeld oder durch Drift geladener Partikeln im elektrischen Feld. Die Redispergierung der größeren Partikelverbände kann durch Strömungskräfte [5] sowie durch elektrische Kräfte verursacht werden. Bei der elektrisch motivierten indirekten Agglomeration ist neben dem Partikeltransport zur Wand die Redispergierung der Agglomerate von entscheidender Bedeutung. Zur Zeit sind jedoch die Redispergierungsmechanismen noch nicht vollständig bekannt. Es wird vermutet, dass Polarisationskräfte, die auf die abgeschiedenen Partikeln wirken, eine entscheidende Rolle bei der Redispergierung spielen.

Im Fall der Konditionierung elektrisch gut leitfähiger Dieselrußpartikeln stellt sich nach einer Anlaufphase ein makroskopischer Beharrungszustand des Systems ein. Das bedeutet, dass der Partikelmassenstrom zur Wand von gleicher Größe ist wie der redispergierte Massenstrom. Daher findet kein kontinuierliches Wachstum der Partikelschicht statt. Anders ist dies jedoch bei elektrisch isolierenden Materialien, bei denen eine kontinuierliche Zunahme der Dicke der Partikelablagerungen beobachtet werden kann. Aus diesem Grund ist das Verfahren der elektrisch motivierten indirekten Agglomeration zur Zeit auf die Konditionierung elektrisch leitfähiger Materialien beschränkt.

2.2 Elektrische Konditionierung bei der Fliehkraftabscheidung

Die elektrisch beeinflusste Agglomeration über Wandungen wurde beispielsweise bei der Abscheidung von Rußpartikeln aus dem Abgas von Dieselmotoren angewendet [6]. Da die Abscheidung von Dieselrußpartikeln in konventionellen Fliehkraftabscheidern (Zyklon) aufgrund der Partikelgrößenverteilung des Dieselrußes (10 nm < x < 10 µm) nur unzureichend möglich ist, wurde versucht, durch Konditionierungsmaßnahmen eine Partikelvergrößerung zu erzielen. Das in Grundzügen von der Firma Bosch entwickelte Verfahren beruht auf der Deposition geladener Partikeln an der Niederschlagselektrode eines Rohrelektroabscheiders. Aufgrund der schlechten Hafteigenschaften elektrisch leitender Partikeln verliert dieser Abscheider seine separierende Wirkung und fungiert hier als Rohragglomerator. Die Redispergierung größerer Partikelverbände erfolgt unter der Wirkung abstoßender elektrischer Kräfte, die vor allem bei elektrisch leitenden Partikeln auftreten. Bild 15 gibt vereinfacht den Aufbau der verwendeten Versuchsapparatur wieder.

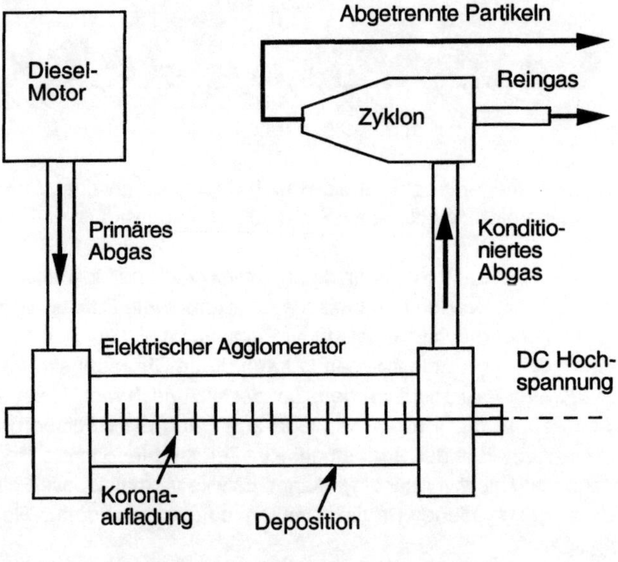

Bild 15 Schema zur elektrischen Konditionierung von Dieselmotorenabgas und Abtrennung der agglomerierten Rußpartikeln [6].

Das Dieselmotorenabgas wird dem Rohragglomerator tangential zugeführt. Hier werden die Partikeln mittels Koronaentladung unipolar aufgeladen, driften dann unter der Wirkung des elektrischen Feldes zu der geerdeten Rohrwand, wachsen dort zu größeren Partikelverbänden an und treten erneut in Form von flockigen Agglomeraten in die Gasströmung ein. Bild 16 zeigt exemplarisch ein repräsentatives Agglomerationsergebnis.

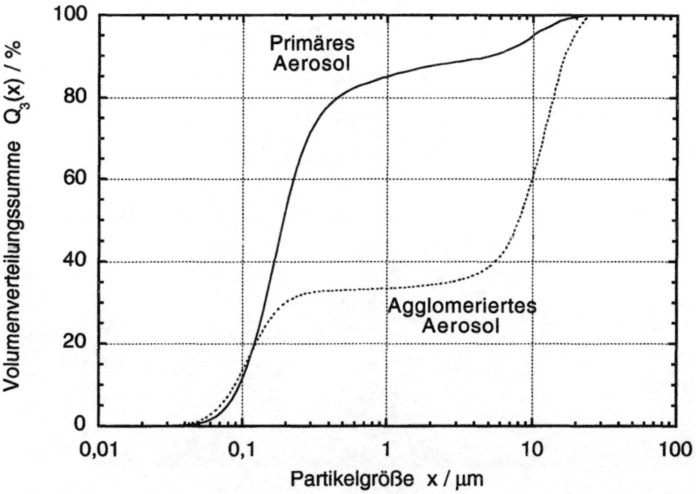

Bild 16 Verschiebung der Partikelgrößenverteilung durch elektrisch motivierte indirekte Agglomeration von Dieselrußpartikeln.

Eine erhebliche Verschiebung der Volumenverteilungssumme hin zu größeren Partikelgrößen wird deutlich. Im Primäraerosol sind mehr als 80 % der gesamten Partikelmasse im Bereich unterhalb von 1 µm vorhanden. Durch die Agglomeration wird der Massenanteil, der unterhalb von 1 µm vorhanden ist, auf ca. 35 % reduziert. In Bezug auf die gravimetrische Bewertung der Abscheideleistung kann somit bei einer als ideal scharf angenommenen Trennung im Bereich von 1 µm eine Verdreifachung des Gesamtabscheidegrades erreicht werden.

Die Bilder 17 und 18 zeigen REM-Aufnahmen eines Primäraerosols sowie eines agglomerierten Aerosols. Die Gegenüberstellung der REM-Aufnahmen verdeutlicht ebenfalls die Änderung der Partikelgröße durch Agglomeration. Das Primäraerosol enthält überwiegend kleine Agglomerate, die aus einigen wenigen Primärpartikeln bestehen. Diese Agglomerate sind im wesentlichen ein Produkt der direkten Agglomeration in der Gasphase (thermische und turbulente Diffusion). Ein völlig anderes Bild ergibt sich nach der elektrischen Konditionierung. Jetzt liegen neben den Primärpartikeln große Agglomerate, die aus mehreren Millionen Partikeln bestehen, vor. Agglomerate dieser Größe sind der Abscheidung in konventionellen Fliehkraftabscheidern ohne weiteres zugänglich. Jedoch darf, damit Desagglomerationsvorgänge vermieden werden, die mechanische Beanspruchung der Agglomerate beim Transport zum Abscheider bzw. im Abscheider selbst nicht zu groß sein.

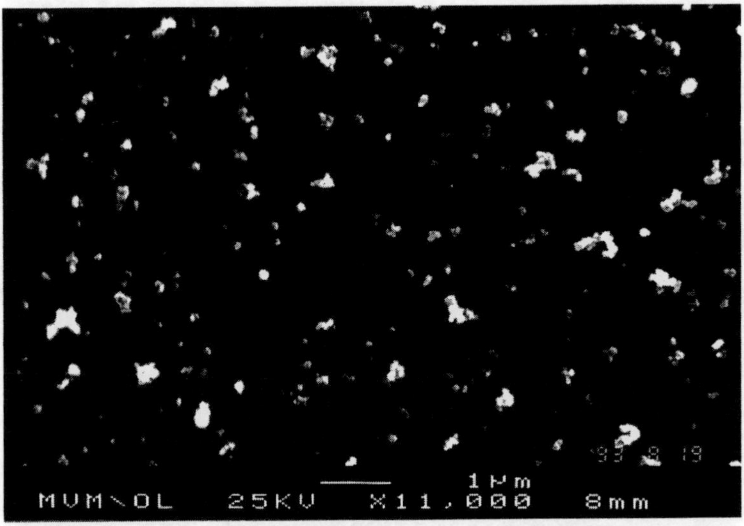

Bild 17 REM-Aufnahme von Dieselrußpartikeln ohne Konditionierung.

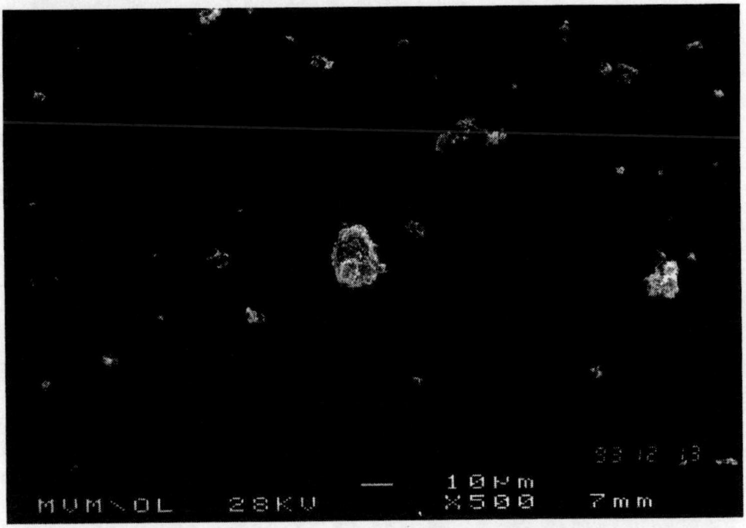

Bild 18 REM-Aufnahme von Dieselrußpartikeln nach elektrischer Konditionierung (vgl. unter Beachtung der unterschiedlichen Vergrößerungen Bild 17).

2.3 Elektrische Konditionierung bei der Filtration

2.3.1 Wissensstand

Elektrische Effekte werden in vielen Bereichen der Technik gezielt und erfolgreich eingesetzt bzw. ausgenutzt. Als Beispiele seien elektrische Staubabscheider, Anlagen zur Spritzlackierung und Pulverbeschichtung, Kopiergeräte und Elektretfaserschichten, die in Bereichen der Klimatechnik, des Atemschutzes und zunehmend der Fahrzeuginnenraumbelüftung Verwendung finden, angeführt. Dagegen werden im Gebiet der Oberflächenfiltration mit textilen Filtermedien auf der Elektrostatik basierende Vorgänge fast ausschließlich als Störung oder Gefahr angesehen. Trotzdem sind in den letzten Jahren von verschiedenen Gruppen intensive Bemühungen angestellt worden, durch Ausnutzung elektrischer Effekte das Betriebsverhalten von Schlauchfilteranlagen zu verbessern [7].

Man strebt sowohl eine Verringerung des Druckverlustes als auch eine Reduzierung des Partikeldurchtrittes an. Um diese Ziele zu erreichen, wird zum einen eine elektrische Aufladung der Partikeln vor der Abscheidung, zum anderen eine Polarisierung von Partikeln und Fasern durch von außen angelegte, elektrische Felder vorgenommen.

Die in Kombination mit Oberflächenfiltern weitaus am häufigsten verwendeten Bauformen zur Ladungserzeugung sind Draht-Rohr-Anordnungen. Ein auf stark negativem Potential liegender, dünner Draht befindet sich dabei in der Mitte eines geerdeten, vom Rohgas durchströmten Hohlzylinders. Zur Erzeugung elektrischer Felder im Bereich des Filtertuches kann u. a. ein Netz aus voneinander isolierten, alternierend positiv bzw. negativ gepolten, parallelen Drähten über den Schlauch gezogen werden; die Längsstäbe des Stützkorbes können ebenfalls als Elektroden Verwendung finden. Neben der durch die Relativbewegung zum Gas verursachten Widerstandskraft, der Trägheitskraft, der Schwerkraft und den aufgrund der Brown`schen Molekularbewegung herrschenden stochastischen Kraft wirken auf die Partikeln nun zusätzlich die Coulombkraft, die Polarisationskraft, die Bildkraft und die Raumladungskraft.

Die Auswirkungen der elektrischen Beeinflussungen auf das Betriebsverhalten lassen sich wie folgt zusammenfassen: Der zeitliche Druckverlustanstieg wird in fast allen Fällen deutlich geringer; die Reduktionen betragen teilweise sogar mehr als 90%. Der Partikeldurchtritt nimmt in vielen Fällen um etwa die Hälfte ab. Das Regenerierungsverhalten wird häufig verbessert. Eine umfangreiche Sammlung von Literaturstellen, die die angesprochenen Punkte belegen, findet man bei Schmidt [7]. Eine eindeutige Zuordnung, durch welche konstruktive Gestaltung der Apparaturen zur elektrischen Beeinflussung welcher Effekt auf das Betriebsverhalten hervorgerufen werden kann, ist aufgrund der jeweils recht unterschiedlichen Randbedingungen und der teilweise widersprüchlichen Ergebnisse nicht zu treffen. Trotzdem wird im folgenden ein Überblick über mögliche Wirkmechanismen gegeben:

- Partikeln werden auf Grund elektrischer Wechselwirkungen teilweise an Wandungen des Rohgaskanals und der Filterkammer abgeschieden. Dadurch sinkt die Rohgaskonzentration an den Filterschläuchen und der Druckverlustanstieg wird ebenfalls geringer.

- Es bildet sich eine ungleichmäßige Staubverteilung auf dem Filtermedium aus; dies wird bewirkt durch zusätzliche elektrische Kräfte, die auf die Partikeln wirken und zu bevorzugter Abscheidung auf bestimmten Bereichen des Mediums, beispielsweise in Elektrodennähe, führen. Eine solche Ungleichverteilung hat bei gleicher, mittlerer Staubflächenmasse insgesamt einen geringeren Durchströmungswiderstand zur Folge.

- Bei vorhandenen elektrischen Feldkräften erfolgt während der Verstopfungsphase eine vermehrte Abscheidung der Partikeln an der Oberfläche des Filtermediums. Es wird eine geringere Staubmasse im Inneren des Filtermediums, das hier (bei Standardfiltermedien) eine größere Packungsdichte als in dem Oberflächenbereich aufweist, abgeschieden. Dies führt zu einer verringerten Druckverlustzunahme im Vergleich zur Filtration ohne elektrische Effekte, da eine vorgegebene Staubmasse, die in Bereichen niedriger Packungsdichte abgeschieden wird, einen kleineren Durchströmungswiderstand hervorruft, als wenn sie in Bereichen großer Dichte wäre.

- Eine Vergrößerung der Porosität der gebildeten Kuchen durch die Wirkung elektrischer Kräfte bewirkt einen geringeren Kuchenwiderstand. Die Porositätserhöhung wird u. a. durch eine veränderte Anlagerung der Partikeln, z. B. dendritenförmige Partikelabscheidung, und durch das Auftreten stärkerer Haftkräfte erklärt.

2.3.2 Betriebsbeeinflussung durch Agglomeration

Besonders bei abzuscheidenden Partikeln mit Durchmessern deutlich kleiner als 1 µm kann es für das Betriebsverhalten förderlich sein, vor der Filtration Partikelagglomerate zu bilden. Im gasgetragenen Zustand kann dies u. a. durch eine Erhöhung der Kollisionsrate infolge elektrischer Beeinflussung geschehen. Im Rahmen eines aufwendigen Forschungsvorhabens wurden von Gutsch [1] mehrere Methoden der elektrisch induzierten Partikelagglomeration untersucht. Es hat sich gezeigt, dass bezüglich der Effizienz der Agglomeration Coulombkräfte am wirkungsvollsten sind. Die elektrostatische Fokussierung und die Schwingungserregung sind demgegenüber weniger effektiv.

In Bild 19 ist als Beispiel der Einfluss einer elektrisch induzierten Agglomeration mittels bipolarer Partikelaufladung im Rohgaskanal auf die Filtrationszeiten bei der Abscheidung von Titandioxid dargestellt. Der positive Einfluss der Konditionierung ist offensichtlich: Die Zykluszeiten sind signifikant größer, d. h. das Filtermedium muss deutlich seltener regeneriert werden, was sich positiv auf die Standzeit, die Emission und die Betriebskosten auswirkt.

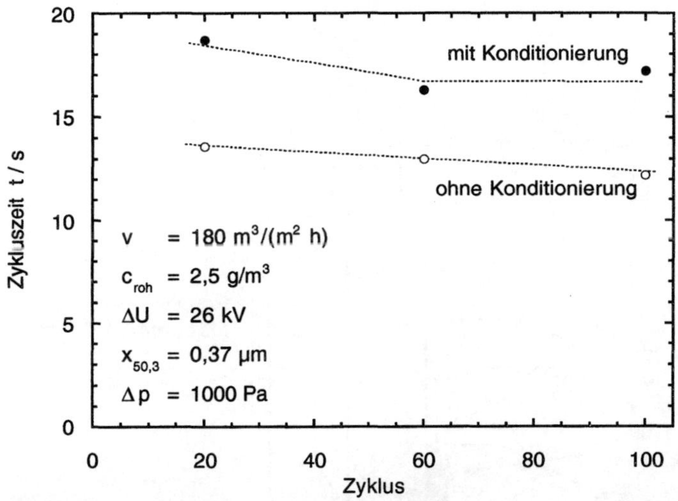

Bild 19 Einfluss einer elektrisch induzierten Voragglomeration auf die Zeit bis zum Erreichen des Enddruckverlustes, gemessen für den 20., 60. und 100. Filtrationszyklus.

2.3.3 Betriebsbeeinflussung durch Polarisation

Um den Einfluss inhomogener elektrischer Felder auf die kuchenbildende Staubabscheidung mit Oberflächenfiltern zu untersuchen, wurden an einer Laborfilteranlage (Bild 20) Versuche mit verschiedenen Elektrodeneinsätzen durchgeführt [7]. Diese Einsätze konnten auf der Reingasseite, mit dem runden, ebenen Filtermedium in Kontakt stehend, angebracht werden. In der bezüglich der Auswirkung auf das Filtrationsverhalten effektivsten Version sind dreizehn versilberte Drähte (d = 0,5 mm) im Abstand von 10 mm parallel zueinander angeordnet. Diese Elektroden werden im Betrieb alternierend auf positives bzw. negatives Potential gelegt, um so inhomogene, elektrische Felder im Bereich des Filtermediums zu erzeugen.

Legt man mit Hilfe der Elektrodenanordnung ein elektrisches Feld am Filtermedium an, erhält man in Abhängigkeit des Ladungszustandes der Partikeln die in Bild 21 gezeigten Durchströmungswiderstände der bei einem Enddruckverlust von 1500 Pa aufgebauten Filterkuchen; die Symbole stellen einen Mittelwert aus jeweils 20 Filtrationszyklen dar. Zusätzlich sind auch die mittleren Werte der Versuche ohne Konditionierung, d. h. ohne elektrisches Feld eingezeichnet. Man erkennt im Vergleich, dass in jedem Fall eine Verringerung des Kuchenwiderstandes durch den Einfluss des elektrischen Feldes eintritt. Das Maß dieser Verringerung ist allerdings vom jeweiligen Ladungszustand der Partikeln abhängig.

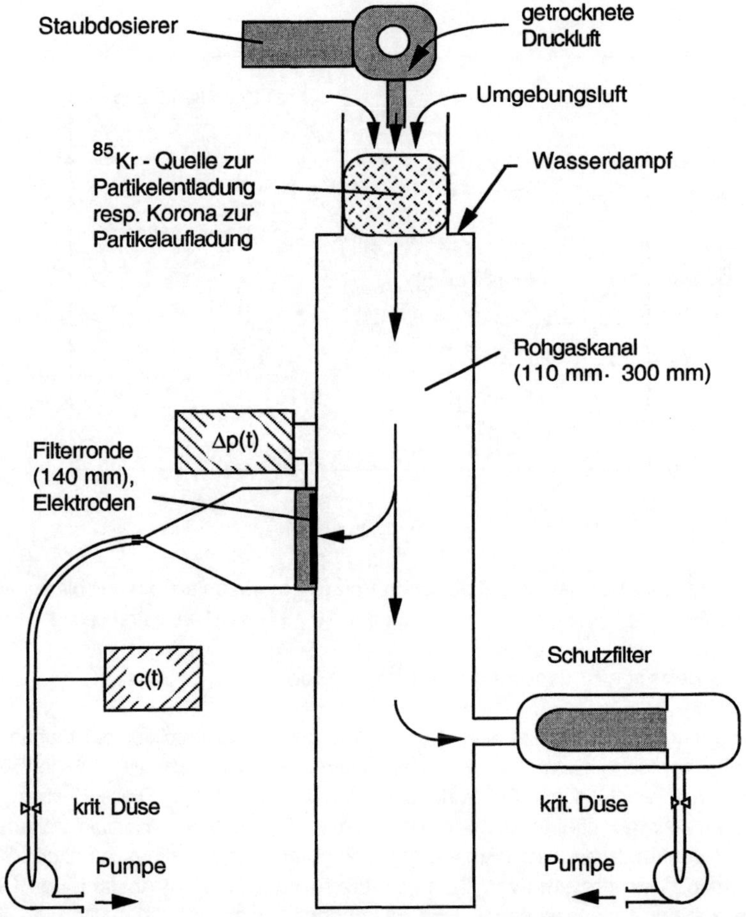

Bild 20 Schematische Darstellung einer Laboranlage zur Untersuchung elektrischer Effekte bei der Oberflächenfiltration.

Untersuchungen der Staubkuchenstruktur haben ergeben, dass in Bereichen der Elektroden die Partikeln größer sind als in den Gebieten dazwischen. Es tritt demnach eine Klassierung des Staubes auf, die zu einer vermehrten Abscheidung großer, stärker geladener Partikeln in Elektrodennähe führt. Die dadurch hervorgerufene Ladungskonzentration kann, wie Partikelbahnberechnungen zeigen, zur Ausbildung von dichter gepackten Staubkuchen führen. Die Poren sind im Bereich der Elektroden im Mittel tatsächlich kleiner als in den Zwischenräumen, was mittels Strukturanalysen belegt wurde. In den Bereichen zwischen den Elektroden treten im Gegensatz zu den Elektrodenbereichen demnach vermehrt kleine Partikeln bei größeren Porositäten auf. Bezüglich des Durchströmungswiderstandes sind diese Auswirkungen des elektrischen Feldes gegenläufig. Durch Rechnungen konnte gezeigt werden, dass die gemessenen Verringerungen des Staubkuchenwiderstandes mit den festgestellten Unterschieden in der Staubkuchenstruktur erklärt werden können. Hieraus kann geschlossen werden, dass die durch das elektrische Feld hervorgerufene Ungleichverteilung des Staubes die Ursache für den langsameren Druckverlustanstieg ist.

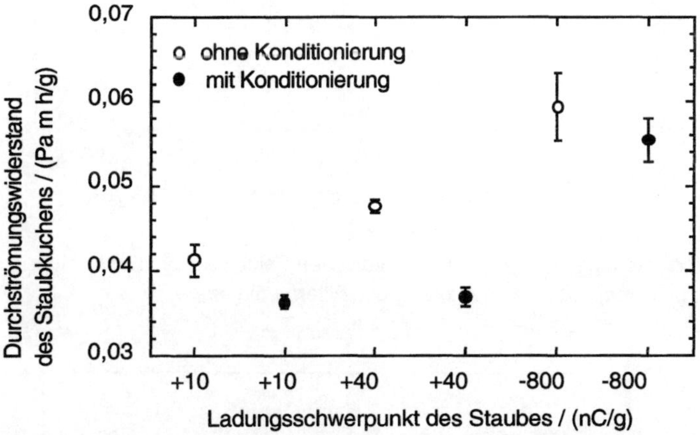

Bild 21 Mittlere Kuchenwiderstände als Funktion des Ladungszustandes und der elektrischen Beeinflussung mittels polarisierender Elektroden im Bereich des Filtermediums.

Der Einfluss des elektrischen Feldes auf die Regenerierungsqualität ist in Bild 22 dargestellt. Als Maß hierfür wird der um den Anfangsdruckverlust verminderte Restdruckverlust nach dem ersten Zyklus verwendet. Die Filteranströmgeschwindigkeit betrug in diesem Fall 150 m/h. Auf Grund der Oberflächenbeschaffenheit des Filtermediums ist der durch die auf dem Medium nach der Regenerierung verbliebenen Staubmassen hervorgerufene Druckverlust in allen Fällen eher gering. Trotzdem lassen sich die folgenden Tendenzen erkennen: Mit betragsmäßig zunehmender Partikelladung steigt der Druckverlust an, während durch das elektrische Feld die Staubeinlagerung verringert wird.

Der Einfluss eines elektrischen Feldes auf den Partikeldurchtritt wird anhand von Bild 23 veranschaulicht. Es sind mit einem Streulichtanalysator für einzelne Partikelgrößenintervalle ermittelte Anzahlkonzentrationen dargestellt. Man sieht, dass bei gering geladenen Partikeln (d. h. ohne Partikel-Konditionierung) durch Anlegen eines inhomogenen, polarisierenden, elektrischen Feldes (d. h. mit Filter-Konditionierung) der Partikeldurchtritt um nahezu eine Zehnerpotenz verringert werden kann.

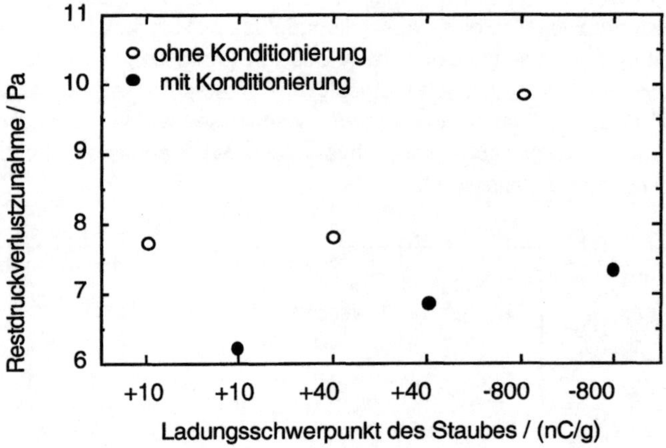

Bild 22 Einfluss eines inhomogenen elektrischen Feldes auf die Entwicklung des Restdruckverlustes resp. der Regenerierung des Filtermediums.

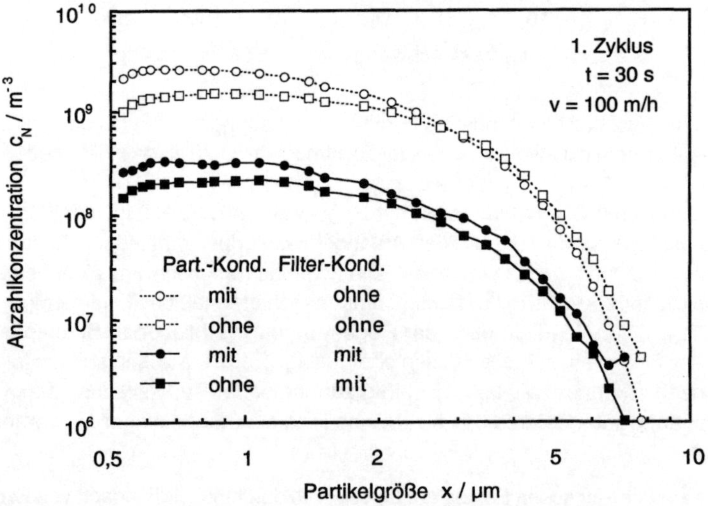

Bild 23 Einfluss einer Konditionierung des Filtermediums mittels elektrischer Felder auf die Partikelemission, ermittelt für Partikelkollektive unterschiedlicher Ladung.

Ein ähnliches Ergebnis ergibt sich auch für elektrisch stark geladene Partikeln. Für größere Filtrationszeiten (t > 5 min) und zunehmende Reststaubeinlagerung (Zykluszahl > 10) wird der Durchtritt für alle Partikeln der mit dem verwendeten Analysator registrierbaren Größen so klein, dass noch eventuell vorhandene Abhängigkeiten der Reingaskonzentration von der elektrischen Beeinflussung nicht mehr detektiert werden konnten.

Die in Bild 22 beschriebene Verringerung des Restdruckverlustes bei angelegtem elektrischen Feld könnte durch eine verstärkte Oberflächenfiltration begründet sein. Aufgrund der zusätzlichen elektrischen Kräfte wandern die Partikeln weniger tief in das Filtermedium ein und können deshalb leichter wieder entfernt werden. Dies konnte experimentell jedoch weder bestätigt noch widerlegt werden. Allerdings spricht die in Bild 23 dargestellte, durch das elektrische Feld hervorgerufene Verminderung des Partikeldurchtrittes ebenfalls für die vorgestellte Vermutung der intensivierten Oberflächenabscheidung.

2.4 Elektrische Konditionierung bei der Nassentstaubung

Theoretische und experimentelle Untersuchungen zum Einfluss elektrischer Effekte bei Nassabscheidern werden von Schmidt [8] ausführlich beschrieben. Er kommt zu dem Ergebnis, dass der Einsatz einer elektrischen Konditionierung in einem technischen Apparat besonders dann erfolgversprechend ist, wenn die Relativgeschwindigkeit zwischen Tropfen und Partikeln gering und die Verweilzeit im Apparat groß ist. Bei einem Düsenwäscher beispielsweise, der diesen Randbedingungen entsprechend betrieben wurde, konnte durch positive Aufladung der Tropfen und negative Aufladung der Partikeln die Grenzkorngröße, d. h. der 50 %-Wert der Fraktionsabscheidegradkurve, von 2,5 µm auf 0,55 µm abgesenkt werden. Der spezifische Waschwasserbedarf betrug dabei 2,4 L Wasser pro 1 m^3 Gas.

Zur Beurteilung der Betriebskosten des untersuchten Nassabscheiders wurde der volumenstromspezifische Energiebedarf als Funktion des Grenzkorndurchmessers aufgetragen. Bei einer Bestückung des Apparates mit Zweistoffdüsen liegt der Energiebedarf vergleichsweise hoch. Durch simultane Aufladung von Partikeln und Tropfen lässt sich mit nur wenig erhöhtem Energieaufwand die oben beschriebene drastische Verringerung des Grenzkorndurchmessers erzielen. Die Betriebspunkte sind dann mit denen eines Niederdruck-Venturiwäschers vergleichbar. Der Anteil der elektrischen Komponenten am Gesamtaufwand liegt unter 30 %.

Bei Bestückung des Apparates mit einer Einstoffdüse werden auch ohne elektrische Konditionierung ähnliche Abscheideergebnisse bei geringerem Energiebedarf erzielt. Durch eine Aufladung der Partikeln kann allerdings bei ähnlichem Energiebedarf die Abscheidung nochmals signifikant verbessert werden. Wird der Apparat mit vier Einstoffdüsen betrieben, liegen sowohl die Grenzkorngröße als auch der spezifische Energiebedarf im Bereich der Werte eines Hochdruck-Venturiwäschers oder eines Rotationszerstäubers. Eine wesentliche Verbesserung der Abscheideeffizienz kann hier durch eine Partikelaufladung nicht mehr erzielt werden.

3 Konditionierung durch Akustische Maßnahmen

3.1 Grundlagen der akustisch induzierten Agglomeration

Die Vergrößerung der aus einem Gasstrom abzuscheidenden Partikeln kann analog zur elektrisch induzierten Agglomeration auch durch starke Schallfelder erreicht werden, was der teilweise sehr grundlegenden Fachliteratur [9] bis [20] entnommen werden kann. Als mögliche Einsatzgebiete werden u. a. die Abscheidung feinster Partikeln und die Heißgasfiltration genannt. Diesbezüglich bisher bekannt gewordene Untersuchungen beschränken sich meist auf den Labor- oder Pilotmaßstab; technische Realisierungen im größeren Maßstab wurden allerdings z. B. zur Niederschlagung von Nebel in der Umgebung von Flugzeugträgern verwendet.

Prinzip ist wie bei dem elektrischen Verfahren eine Vergrößerung der Kollisionsrate zwischen den dispergierten Partikeln, was im Falle der Akustik durch eine unterschiedlich starke Schwingungsanregung verwirklicht wird. Die hierzu notwendigen Frequenzen und Intensitäten hängen stark von Größe, Dichte und Konzentration der dispergierten Partikeln ab. Deutliche Agglomerationswirkungen treten bei Schallpegeln von 120...160 dB und Frequenzen von 500 Hz bis zu 100 kHz auf [12]. Die akustisch induzierte Partikelvergrößerung ist dabei deutlich energieintensiver als die elektrisch induzierte. Die entstehenden Agglomerate besitzen eine filigrane, flockige Struktur, deren Stabilität von den Haftkräften zwischen den einzelnen Partikeln bestimmt wird.

Die Beschreibung des Agglomerationsvorganges basiert im wesentlichen auf einer Betrachtung der durch die Schallwellen induzierten Relativbewegung der Partikeln (orthokinetisches Modell). In diese Vorstellung muss allerdings noch die Wechselwirkung zwischen benachbarten Partikeln in Strömungen einbezogen werden (hydrodynamisches Modell), um die experimentell gefundenen Ergebnisse nachvollziehen zu können. Forschungsbedarf besteht bezüglich der Bestimmung des Einflusses realer Partikeleigenschaften, wie z. B. Form und Haftverhalten, auf den Agglomerationsvorgang selbst und die Stabilität der gebildeten Partikelstrukturen.

Bei der akustischen Agglomeration werden die Partikeln unter der Wirkung von Schallwellen mehr oder weniger zu Schwingungen angeregt. Die resultierende Partikelbewegung wird durch das dynamische Gleichgewicht zwischen den an den Partikeln angreifenden Strömungskräften und den Trägheitskräften bestimmt. Kleine Partikeln folgen der akustischen Anregung nahezu vollständig, größere Partikeln hingegen verbleiben eher unbeeinflusst. Das unterschiedliche Schwingungsverhalten eines polydispersen Aerosols bedingt eine akustisch induzierte Relativbewegung der Partikeln. Diese Relativbewegung führt zu einer Erhöhung des Wirkungsquerschnittes der Partikeln und begünstigt dadurch die Agglomeration. Bild 24 zeigt das Prinzip der akustischen Erhöhung der Relativbewegung der Partikeln untereinander. Mit Hilfe einer starken Schallquelle wird das Gas zu periodischen Schwingungen angeregt. Kleinere Partikeln besitzen nahezu die gleiche Amplitude wie das Gas, die Amplitude größerer Partikeln ist vermindert.

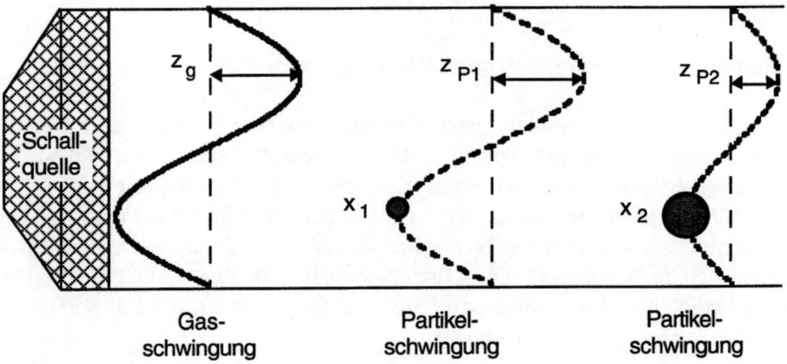

Bild 24 Prinzip der akustisch induzierten Relativbewegung zwischen Partikeln unterschiedlicher Größe x.

Über das grundsätzliche Verhalten von Aerosolen unter dem Einfluss starker Schallfelder wird in der oben aufgeführten Literatur ausführlich berichtet. Daher soll hier auf die theoretische Beschreibung nur insoweit eingegangen werden, wie dies zum orientierenden Verständnis notwendig ist. Die mathematische Beschreibung der Fähigkeit einer kugelförmigen Partikel, einer Schallschwingung zu folgen, führt auf den durch Gleichung (1) definierten, sogenannten Mitführungskoeffizienten μ_m [17].

$$\mu_m = \frac{z_P}{z_g} = \left[\left(\frac{\pi \cdot \rho_P \cdot x^2 \cdot f}{9 \cdot \eta_g} \right)^2 + 1 \right]^{-0,5} \quad (1)$$

Dabei ist z_P die Partikelamplitude, z_g die Gasamplitude, x der Partikeldurchmesser, ρ_P die Partikeldichte, f die Frequenz und η_g die dynamische Gasviskosität.

Der Wert von μ_m ist Null für eine ruhende Partikel, die der Schallschwingung nicht folgt, und eins für den Fall, dass die Partikelschwingung dieselbe Amplitude wie das Gas besitzt. Wird der in Gleichung 4-1 gezeigte Zusammenhang graphisch dargestellt, indem auf der Ordinate die Schallfrequenz und auf der Abszisse die Partikelgröße aufgetragen werden, ergibt sich für den Mitführungskoeffizienten μ_m der in Bild 25 dargestellte Sachverhalt.

Die mit den Buchstaben A, B und C markierten Gebiete kennzeichnen den Bereich der nahezu gassynchronen Partikelschwingung (A), den Bereich der größten Relativbewegung zwischen dem Gas und den Partikeln (B) und den Bereich, in dem die Partikeln kaum mehr der Gasschwingung folgen (C). Es zeigt sich, dass eine effektive Erhöhung der Relativbewegung nur unter Anpassung der Erregungsfrequenz der Schallquelle an das vorliegende Partikelgrößenspektrum möglich ist. Insbesondere sind bei der Konditionierung feinster Partikeln im Bereich unterhalb von 0,1 µm sehr hohe Schallfrequenzen notwendig. Neben der Schallfrequenz ist der Schalldruckpegel, der ein Maß für die Amplitude der Gasschwingung ist, von besonderer Bedeutung. Bei konstantem Mitführungskoeffizienten kann durch die Erhöhung des Schalldruckpegels eine entsprechende Steigerung der Partikelamplitude und damit der Relativbewegung erreicht werden.

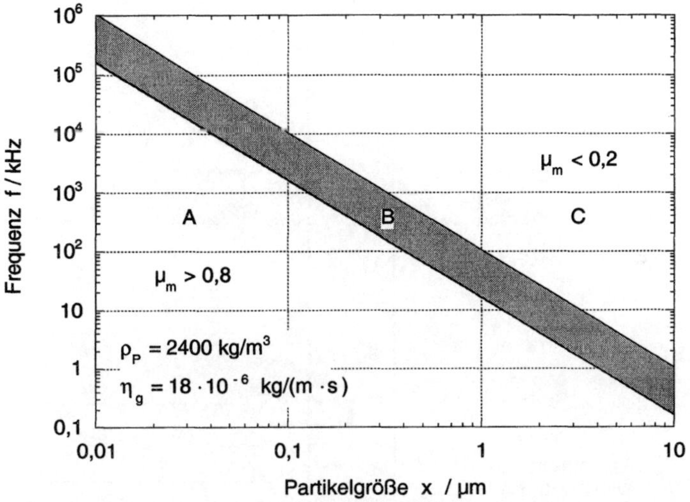

Bild 25 Mitführungskoeffizient μ_m als Funktion der Partikelgröße und der Frequenz. Bereich A: Partikelschwingung nahezu gassynchron; Bereich B: Größte Relativbewegung zwischen Gas und Partikeln; Bereich C: Partikeln nahezu in Ruhe.

Funcke und Frohn [19] untersuchten die akustisch induzierte Agglomeration unterschiedlicher feinster Aerosole mit dem in Bild 26 schematisch dargestellten Versuchsaufbau. Vor Versuchsbeginn wird die Agglomerationsstrecke zunächst mittels des Partikelgenerators mit Aerosol befüllt, dann wird das äußere Schallfeld aufgegeben, und nach verschiedenen Zeiten wird die Partikelgrößenverteilung bzw. die Partikelanzahlkonzentration gemessen. Diese diskontinuierliche Betriebsweise ist zwar keinesfalls prozessanalog (gewünschtes Ziel ist die kontinuierliche Konditionierung innerhalb eines Verfahrensabschnittes), erlaubt aber eine detaillierte Untersuchung einzelner Einflussgrößen.

Bild 27 zeigt die Verschiebung der Partikelgrößenverteilung eines Ölnebels (Primärpartikelgröße im Bereich von 1,5 µm) aufgrund der Einwirkung eines Schallfeldes der Stärke 150 dB mit einer Frequenz von 4 kHz. Bereits nach 60 Sekunden ist eine deutliche Verschiebung der Partikelgrößenverteilung in das Grobe erkennbar. Nach 120 Sekunden sind nahezu ausschließlich Partikeln oberhalb von 5 µm vorhanden.

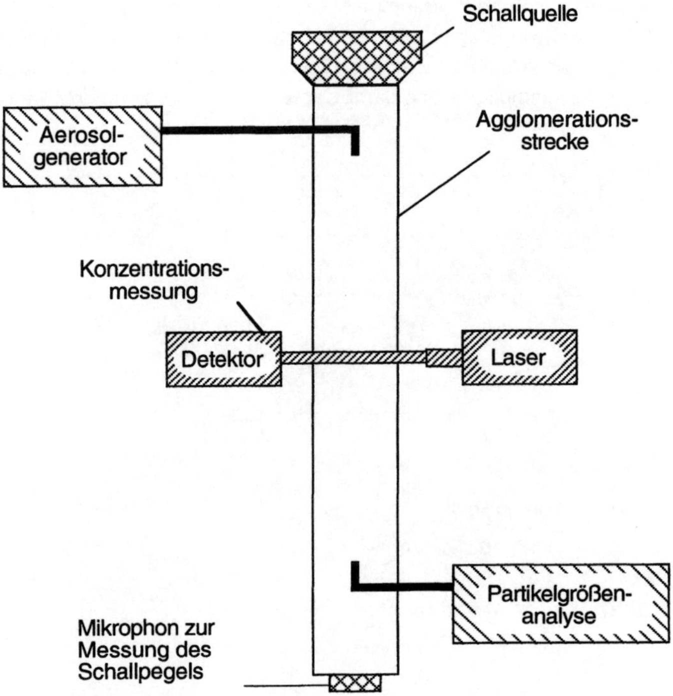

Bild 26 Versuchsaufbau zur Untersuchung der akustischen Agglomeration [19].

Ähnliche Ergebnisse können auch bei Flammruß als Partikelmaterial (Primärpartikelgröße im Bereich von 500 nm) gefunden werden. Bei diesem Material gelingt in Einzelfällen eine Partikelvergrößerung um den Faktor 1000. Jedoch sind auch hier Verweilzeiten von einigen Minuten nötig. Die gezielte Steigerung der Agglomerationsrate feinster kugelförmiger Partikeln (Glas bzw. SiO_2) gelingt mit dem hier beschriebenen Verfahren bisher nicht. Es wird angenommen, dass die sehr glatten Oberflächen der sphärischen Partikeln nur eine unzureichende Haftung ermöglichen, so dass zum einen unmittelbar nach der Kollision keine Haftung stattfindet, zum anderen bereits gebildete Agglomerate wieder zerstört werden.

Der Einfluss des Schallpegels auf die Agglomeration ist in Bild 28 gezeigt. Hier wird das Ausmaß der akustischen Agglomeration durch die normierte Halbwertszeit wiedergegeben. Die normierte Halbwertszeit repräsentiert die Zeit, bei der sich die Anzahlkonzentration unter der Einwirkung eines Schallfeldes um 50 % reduziert hat, bezogen auf die Halbwertszeit ohne Schallfeld (Agglomeration ohne Schallfeld beruht auf Sedimentation und Diffusion).

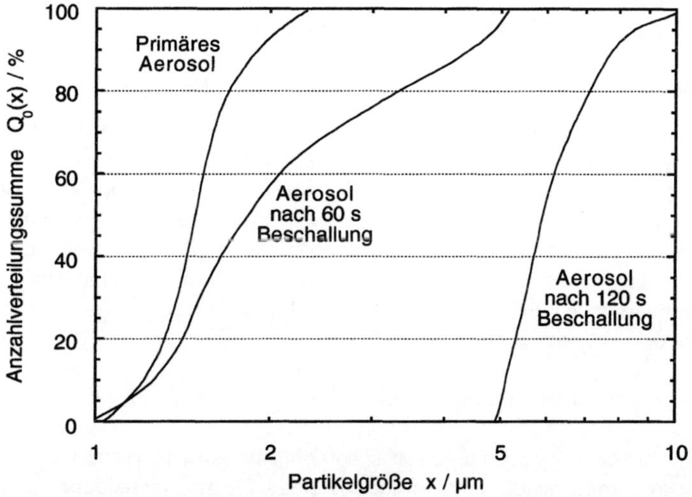

Bild 27 Verschiebung der Partikelgrößenverteilung eines Ölnebels bei der akustischen Agglomeration (vgl. Bild 26).

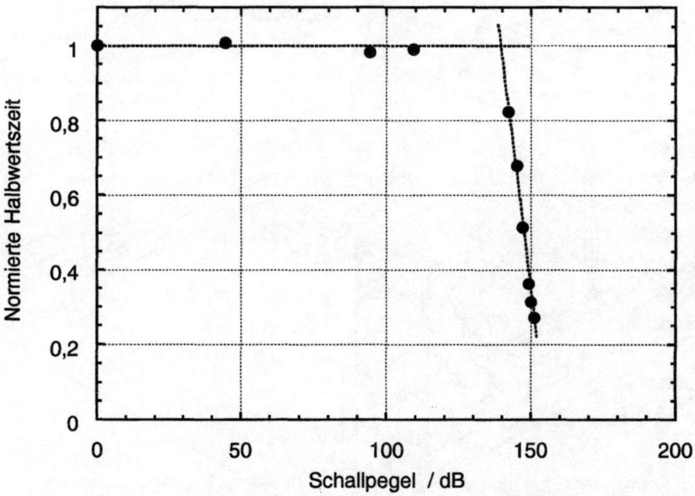

Bild 28 Einfluss des Schallpegels auf die normierte Halbwertszeit (vgl. Bild 26).

Es zeigt sich, dass die normierte Halbwertszeit bei geringen Schallpegeln nahezu konstant ist. Das bedeutet, dass die akustisch induzierte Steigerung der Relativbewegung im unteren Schallpegelbereich kaum zur Steigerung der Agglomerationsrate führt. Erst oberhalb eines Schallpegels von 140 dB können eine deutliche Reduktion der Halbwertszeit und somit eine Steigerung der Agglomerationsrate festgestellt werden.

Weitere ebenfalls bei diskontinuierlichem Betrieb von akustischen Agglomeratoren gewonnene Erkenntnisse bestätigen, dass eine signifikante Verschiebung der Partikelgrößenverteilung erst im Bereich von 140 dB bis 160 dB registriert werden kann. Schetter und Funcke [12] finden beispielsweise bei der intensiven Beschallung (Schalldruckpegel 150 dB) eines polydispersen Wassertröpfchenaerosols nach ca. 0,45 Sekunden eine Verschiebung des massenbezogenen Modalwertes von 5 µm auf 18 µm. Dabei zeigt sich in dem untersuchten Frequenzintervall (f = 800...3200 Hz) kaum eine Frequenzabhängigkeit des Agglomerationsergebnisses.

3.2 Akustische Konditionierung bei der Elektrischen Abscheidung

Zur prozessnahen Untersuchung der akustischen Agglomeration im Hinblick auf die Verbesserung des Partikelminderungsvermögens eines Elektroabscheiders wurde von Magill et al. [20] das in Bild 29 dargestellte kontinuierliche Verfahren entwickelt.

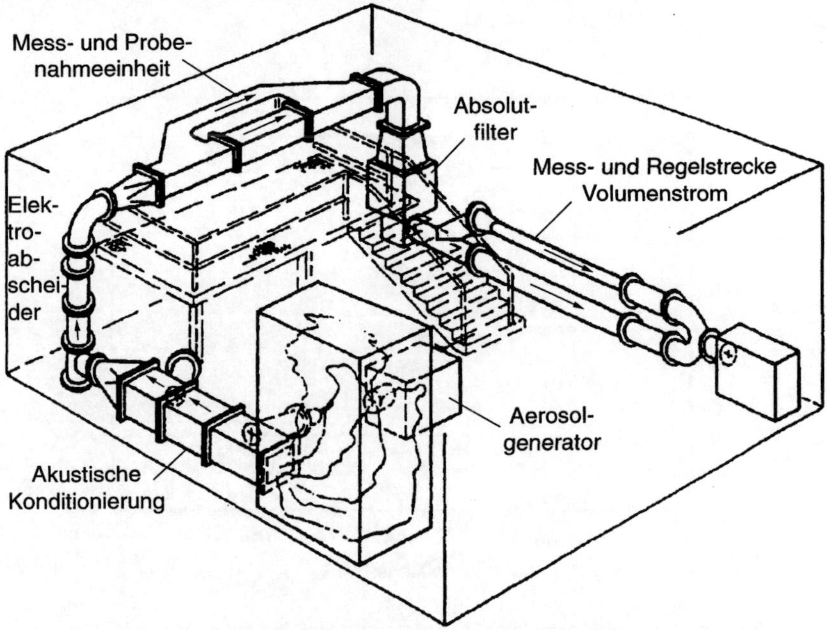

Bild 29 Verfahren zur kontinuierlichen akustischen Agglomeration eines Aerosols [20].

Das von einem Aerosolgenerator bereitgestellte Testaerosol gelangt zunächst in den akustischen Agglomerator, in dem die Partikelvergrößerung erfolgt. Dieser Konditionierungsstufe folgt ein konventioneller einstufiger Rohrelektroabscheider. Als Testaerosol dient ein Glykolnebel, der durch Kondensation aus übersättigter Atmosphäre generiert wird. Die Primärpartikelgrößenverteilung lässt sich durch eine logarithmische Normalverteilung mit einem anzahlbezogenen Medianwert von 0,8 µm und einer Standardabweichung von 1,4 approximieren. Bei einer Anzahlkonzentration von $2 \cdot 10^6$ 1/cm³ werden die in Bild 30 gezeigten Trenngrade mit und ohne akustischer Agglomeration vor der Abscheidung gefunden. Die akustische Konditionierung erfolgte bei einer elektrischen Leistung der Schallquelle von 400 W, die Schallfrequenz betrug 21 kHz.

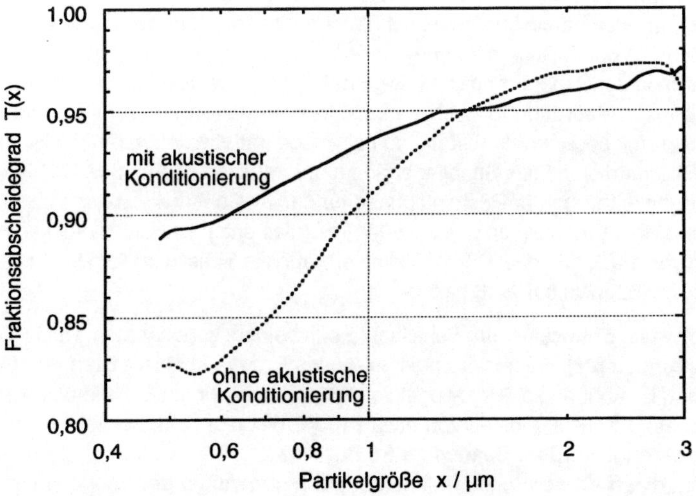

Bild 30 Vergleich der Trenngrade der in Bild 29 dargestellten Anlage mit und ohne akustischer Agglomeration des als Testaerosol eingesetzten Glykolnebels.

Im Partikelgrößenbereich unterhalb von 1,5 µm zeigt sich eine deutliche Verbesserung der Abscheideleistung des gesamten Systems. Für Partikeln der Größe 0,8 µm kann eine Erhöhung des Trenngrades von 87 % auf 92 % erreicht werden. Diese Erhöhung ist ausschließlich auf die Partikelvergrößerung durch Agglomeration zurückzuführen. Da durch die akustische Agglomeration der Anteil feinster Partikeln zugunsten größerer Partikeln abnimmt, gelingt bei gleicher Trenntechnik eine Verbesserung der Abscheidung. Die Reingaskonzentration kann dementsprechend von 1000 mg/m³ (nur Elektroabscheider) auf 74 mg/m³ (akustische Agglomeration plus Elektroabscheider) gesenkt werden.

Die vorgestellte Verfahrensentwicklung zeigt, dass bereits heute der technische Einsatz der akustischen Agglomeration zur Verbesserung der Abscheideleistung konventioneller Abscheider möglich ist. Problematisch gestaltet sich die akustische Agglomeration jedoch zur Zeit noch im Partikelgrößenbereich unterhalb von 50 nm. Hier ist die Erhöhung der Relativbewegung der Partikeln untereinander nur durch extrem hohe Schallfrequenzen (f > 100 kHz) zu erreichen. Mit steigender Schallfrequenz steigt jedoch die Schallabsorption des Trägergases selbst, so dass mit steigender Schallfrequenz der Leistungsbedarf dieser Verfahren extrem zunimmt.

3.3 Akustische Konditionierung bei der Filtration

In den Vereinigten Staaten und in Australien werden zur Reinigung der Abgase von Kohlekraftwerken sehr häufig sog. Schlauchhäuser verwandt. Auf den meist von innen beaufschlagten und durch Rückspülen regenerierten, oft bis zu 10 m langen Filterschläuchen bilden sich in der Regel sehr dicke (einige mm bis cm) Reststaubschichten aus, die den Druckverlust entsprechend hoch treiben. In den letzten Jahren sind mehrere Schlauchhäuser mit sogenannten "sonic horns" ausgestattet worden, um die Regenerierung der Filtermedien mittels Schallenergie zu unterstützen (siehe z. B. [21]). Diese Hörner erzeugen während der Rückspülphase für ca. 10 s bei Frequenzen von 125...500 Hz mittlere Schallintensitäten von 5...50 W/m^2 (dies entspricht Schalldrücken bzw. Schallpegeln von 140...150 dB). Der Druckluftverbrauch je Schallhorn liegt in der Regel im Bereich von 0,03 m^3/s bei 4...6 bar.

Es gibt jedoch auch Entwicklungen, Schallenergie mit einem sogenannten "Pulse Combustor" zu erzeugen [22]. Dabei wird beispielsweise Erdgas in einem Brenner pulsierend verbrannt. Es können so Schallpegel von 165 dB, was einem Schalldruck von ca. 3500 Pa und einer Schallintensität von etwa 31 kW/m^2 entspricht, bei sehr niedrigen Frequenzen erzeugt werden. Besonders im Bereich der Hochtemperaturpartikelabscheidung hat diese Art der Schallwellenerzeugung gegenüber der Verwendung von herkömmlichen Schallhörnern wegen der robusten und temperaturbeständigen Bauweise Vorteile.

In Bild 31 sind Restflächenmassen der von innen beaufschlagten Schläuche eines Rückspülfilters als Funktion des während der Regenerierung herrschenden, mittleren Schalldruckes dargestellt. Die Werte wurden an realen Filterschläuchen von Rauchgasreinigungsanlagen ermittelt, bei denen drei verschiedene Kohlen zum Einsatz kamen [23]. Die Hornfrequenz betrug in allen Fällen 200 Hz; dieser Wert wurde in Vorversuchen als günstig ermittelt. Man erkennt, dass durch das Einbringen von zusätzlicher Energie in Form von Schallwellen die Regenerierung der Filtermedien deutlich verbessert werden kann. Der notwendige Schalldruck und das Ausmaß der Flächenmassenverringerung hängen allerdings sehr stark in noch nicht bekannter Weise von der Zusammensetzung der verbrannten Kohle ab.

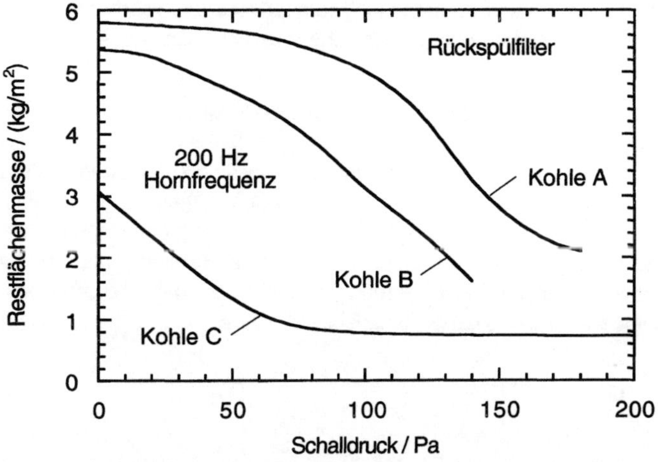

Bild 31 Einfluss einer Beschallung während der Regenerierung auf die auf den Filterschläuchen verbleibende Staubmasse, dargestellt für Flugaschen unterschiedlicher Kohlen [23].

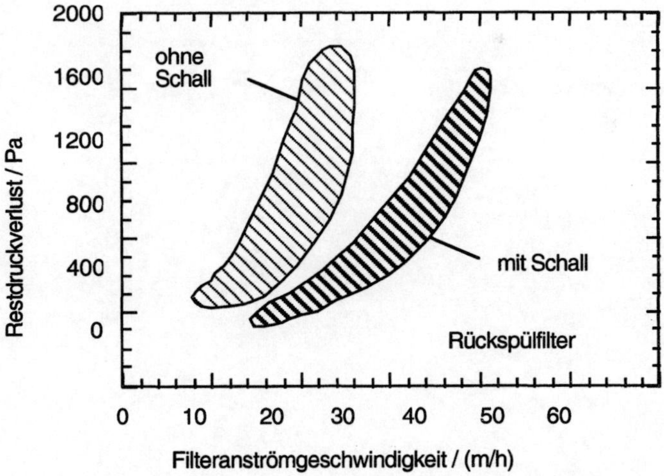

Bild 32 Einfluss einer Beschallung auf die Qualität der Regenerierung, charakterisiert durch den Restdruckverlust; der Wertebereich der Messwerte ist jeweils durch die markierten Flächen gekennzeichnet [24].

Wie aus Bild 32 ersichtlich ist, kann außerdem der Druckverlust nach der Regenerierung durch eine Schallunterstützung drastisch reduziert werden. Hierbei handelte es sich ebenfalls um die Abscheidung von Flugasche aus einer Kohlefeuerung mittels eines Rückspülfilters.

Bei gleicher Filteranströmgeschwindigkeit ergab sich in diesem Fall bei Schallunterstützung im Mittel nur noch der halbe Restdruckverlust [24]. Als Nachteil ist die bei anderen Untersuchungen aufgetretene Vergrößerung der Emission anzuführen. Außerdem verbietet die mögliche Lärmbelästigung der Nachbarschaft vielfach einen Einsatz. Forschungsbedarf auf dem Gebiet der schallunterstützten Regenerierung besteht sowohl bezüglich des Verständnisses der im mikroskopischen Bereich wirkenden Mechanismen, als auch der optimalen Positionierung der Hörner, der notwendigen Beschallungsdauer und -intensität und des Langzeitbetriebsverhaltens.

4 Konditionierung durch Feststoffdosierung

4.1 Precoatieren bei der Filtration

Die Trennung von Filtermedium und abzuscheidendem Staub (im folgenden teilweise als Produkt bezeichnet) durch eine Schutzschicht ist das wesentliche Ziel des Precoatierens (Bild 33). Dies kann beispielsweise nötig werden, wenn ein klebriger, schlecht wieder abzulösender Staub abzuscheiden oder wenn mit Funkenflug zu rechnen ist. Diese Schutzschicht, die aus einem leicht von den Filtern abzuwerfenden Material bestehen sollte, muss vor jedem Filtrationsvorgang neu auf die Medien aufgebracht werden. Ein kontinuierlicher Filtrationsbetrieb ist demnach nur bei Vorhandensein mehrerer, getrennt voneinander beaufschlagbarer Filterkammern möglich. Bei der Auswahl des Precoatmaterials ist unter anderem auch auf eine Verträglichkeit mit dem abzutrennenden Produkt und eventuell folgenden Verfahrensschritten zu achten.

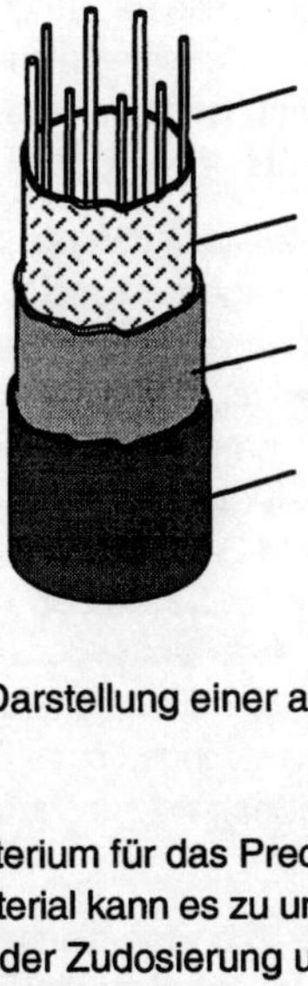

Bild 33 Schematische Darstellung einer auf einem Filterschlauch anfiltrierten Schutzschicht (Precoat).

Ein weiteres Auswahlkriterium für das Precoatmaterial ist die Partikelgrößenverteilung. Bei zu grobkörnigem Material kann es zu unerwünschten Ablagerungen sowohl auf dem Weg zwischen dem Ort der Zudosierung und der Eintrittsstelle in die Filterkammer als auch in der Kammer selbst kommen. Ist das Material zu feinkörnig, kann die Dispergierung im Gasstrom problematisch sein. Außerdem wird die Bildung einer lockeren, leicht wieder abzulösenden Schutzschicht mit einem geringen Durchströmungswiderstand erschwert.

Ein weiterer Punkt von Bedeutung ist die anzustrebende gleichmäßige Verteilung des Precoatmaterials in der Filterkammer und auf den Schläuchen. Eine kontrollierende Messung der lokalen Schutzschichtdicken ist bei vielen Anlagen aufgrund der unzureichenden Zugänglichkeit nicht möglich. Man darf nicht unbedingt davon ausgehen, dass die Unterschiede in der Schichtdicke aufgrund der vergleichmäßigenden Strömungsvorgänge in der Filterkammer - der Staub wird an die Stellen des geringsten Strömungswiderstandes transportiert - vernachlässigbar gering sind.

Es stellt sich natürlich die Frage, welche mittlere Dicke die Schutzschicht besitzen soll. Auf der einen Seite soll sie das Produkt vom Filtermedium sicher trennen. Auf der anderen Seite vergrößern sich mit zunehmender Schichtdicke sowohl der Verbrauch an Precoatmaterial als auch die Stillstandszeiten und der Druckverlust. Zur Abscheidung von feinen, klebrigen Stäuben sind relativ dicke Schutzschichten von mehr als 1 mm Dicke zu empfehlen [25].

Der zum Precoatieren notwendige Gasstrom kann der Umgebungsluft oder auch dem Reingasstrom entnommen werden. Soll eine bestimmte Temperatur in der Filterkammer eingehalten werden, ist auch eine Fahrweise z. B. mit Umluft ratsam. Beim Übergang vom Precoatieren zum Filtrieren des mit Produkt beladenen Rohgases sind Schwankungen des durch die Filterkammer durchtretenden Volumenstromes nicht auszuschließen. Dabei ist jedoch unbedingt zu vermeiden, dass Teile der aufgebrachten Schutzschicht von den Schläuchen herabfallen. Eine solche Ablösung würde in der Nähe des Filtermediums erfolgen, so dass immer der extrem ungünstige Fall einer Freilegung von einem oder mehreren Teilbereichen der Medien aufträte.

Das im folgenden beschriebene Beispiel verdeutlicht den positiven Einfluss eines Precoatierens. Beim Einsatz einer Schlauchfilteranlage zur Entstaubung von Carbidofenabgasen besteht das Problem, dass in dem zu reinigenden Abgas (Rohgas) vergleichsweise geringe Partikelkonzentrationen auftreten ($c_{roh} < 1$ g/m^3) und ein hoher Feinstaubanteil vorliegt (Massenmedianwert $x_{50,3} < 1$ µm). Dadurch besteht die Gefahr, dass sich ein großer Anteil des abzuscheidenden Materials im Inneren des Filtermediums einlagert, was einen unerwünschten Anstieg des Druckverlustes der Filteranlage zur Folge hat. Daneben können beim Abstich von Carbidöfen in den Abluftströmen kurzzeitige Temperaturspitzen bis zu 220 °C auftreten, was entweder den Einsatz temperaturbeständiger Filtermedien oder eine schnelle Abkühlung der Abgase erforderlich macht. Unter den genannten Bedingungen stellt das Aufbringen einer Schutzschicht nach jeder Regenerierung eine durchaus geeignete Maßnahme zur Verbesserung des Betriebsverhaltens dar.

In Bild 34 ist der Restdruckverlustverlauf einer Pilotfilteranlage (9 Schläuche á 5 m Länge, 20 m^2 Gesamtfilterfläche) für die zwei Betriebsweisen "mit" bzw. "ohne Konditionierung" dargestellt. Als Precoatmaterial wurde ein Kalksteinmehl eingesetzt. Die Filteranströmgeschwindigkeit betrug 106 m/h; bei Erreichen des Enddruckverlustes von 2400 Pa wurden die Schläuche im off-line Modus regeneriert.

Man erkennt, dass durch das Precoatieren ein deutlich geringerer Restdruckverlust erreicht werden kann; dadurch werden die Zykluszeiten entscheidend von durchschnittlich 20 min auf 50 min verlängert. Hierdurch wird der erhöhte Zeitbedarf zum Aufbringen der Schutzschicht ausgeglichen. Gleichzeitig konnte die Partikelkonzentration im Reingas von ca. 2…3 mg/m^3 auf Werte kleiner 0,5 mg/m^3 reduziert werden. Letzteres ist neben der direkten Wirkung der Schutzschicht im wesentlichen auf das seltenere Regenerieren zurückzuführen [25]. Als weiterer Vorteil des Precoatierens ist der wirksame Schutz vor Funken und die dadurch reduzierte Gefahr der Entstehung von Brandlöchern zu nennen.

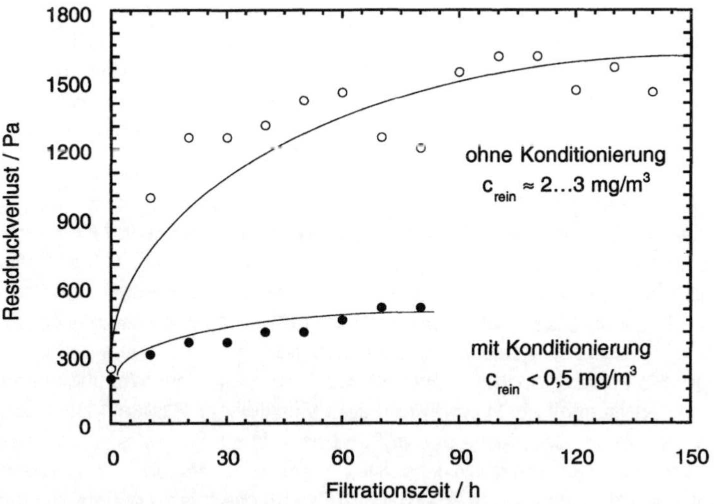

Bild 34 Einfluss einer Schutzschicht auf den zeitlichen Verlauf des Druckverlustes nach Regenerierung.

4.2 Permanentdosierung bei der Filtration

Die Verbesserung des Betriebsverhaltens (z. B. Verlangsamung des Druckverlustanstieges, Verbesserung der Regenerierbarkeit) ist in der Regel das Ziel, welches mit einer permanenten Additivzugabe bei der Oberflächenfiltration zu erreichen versucht wird. Oftmals ergibt sich die Notwendigkeit einer dauerhaften Additivdosierung jedoch aus der Tatsache, dass sich eine bestehende Filteranlage bei Umstellungen in vorangehenden verfahrenstechnischen Prozessen auf Grund veränderter Partikeleigenschaften unter Umständen nicht anders betreiben lässt.

Die Kohäsivität von Partikeln wurde als bestimmend für das Abscheide- und Regenerierungsverhalten von Oberflächenfiltern erkannt. Im Prinzip sollen durch Zugabe von Additiven die Hafteigenschaften der abzuscheidenden Partikeln oder die des Filtermediums so verändert werden, dass die oben genannten Ziele erreicht werden können. Dabei wird in der Regel entweder in die Partikelgrößenverteilung der abzuscheidenden Stoffe durch Zumischen von etwas größeren, porösen Partikeln oder direkt in die Wechselwirkungen zwischen Partikeln und zwischen Partikeln und Filtermedium, durch Zugabe von Stoffen, die die Oberflächeneigenschaften verändern, eingegriffen. Es hängt hierbei von den Eigenschaften der Partikeln und des Filtermediums ab, ob sich eine Verstärkung oder Abschwächung der Wechselwirkungskräfte positiv auf das Betriebsverhalten auswirkt.

Beim permanenten Dosieren von festen Additiven sind zwei verschiedene Vorgehensweisen zu unterscheiden. Zum einen werden Partikeln mit Abmessungen, die größer sind als die der abzuscheidenden, eingesetzt, um eine Inhomogenisierung der Kuchenstruktur zu erreichen. Dadurch wird die Porengrößenverteilung verbreitert, in Richtung größerer Poren verschoben und die äußere spezifische Oberfläche des Kuchens verringert. Das reduziert den Widerstand und damit den Druckverlust beim Durchströmen des Kuchens.

Zum anderen setzt man auch Partikeln als Additive ein, die wesentlich kleiner als die abzuscheidenden sind. Dieses Verfahren findet dann Anwendung, wenn Probleme bei der Regenerierung von Filtermedien auftreten. Das physikalische Prinzip, das dieser Art des Gebrauchs zugrunde liegt, ist die Schwächung der Haftkräfte zwischen den Partikeln und zwischen Partikeln und Filtermedium durch Vergrößerung des Abstandes der Haftpartner. Van der Waals-Kräfte bestimmen zu einem großen Teil die auftretenden Wechselwirkungen. Sie haben jedoch nur eine geringe Reichweite; ihre Wirkung nimmt mit dem Abstand sehr schnell ab. Werden nun sehr viel kleinere Partikeln zudosiert, so lagern sich diese an der Oberfläche der großen Partikeln an. Sie wirken somit als sog. Abstandshalter und reduzieren die Wechselwirkungen zwischen den abzuscheidenden Partikeln. Infolge ihrer sehr großen spezifischen Oberfläche (bis zu 450 m^2/g) sind sie außerdem in der Lage, nennenswerte Mengen an Feuchtigkeit und organischen Dämpfen zu adsorbieren, was die Klebrigkeit des Kuchens weiter verringert. In anderen Verfahrensschritten werden diese Stoffe hauptsächlich als sogenannte Fließhilfsmittel oder zur Agglomerationsverhütung eingesetzt.

In Bild 35 wird als Beispiel der Einfluss einer Zudosierung von grobem inerten Gesteinsmehl zu einem Rohgas abgebildet, welches als Partikeln submikrones Ammoniumnitrat und Ammoniumsulfat enthält [25]. Man kann deutlich die extreme Reduzierung der Druckverlustanstiegsgeschwindigkeit, d. h. des zeitlichen Gradienten des Druckverlustes, aufgrund der Additivdosierung erkennen. Es existierte in diesem Fall ein Optimum bei einem zudosierten Massenstrom an Zuschlagsstoff, welcher in der Größenordnung des anfallenden Produktmassenstromes lag.

Die Ursache des günstigen Einflusses auf den Druckverlust ist vermutlich darin begründet, dass das grobkörnige Gesteinsmehl ein lockeres Gerüst mit großen Poren aufbaut, an dem sich das feinkörnige Gesteinsmehl abscheidet. Die REM-Aufnahme in Bild 36 untermauert diese These. Es handelt sich hierbei demnach um eine Art Tiefenfiltration in einer ständig dicker werdenden und sich damit erneuernden Schüttschicht aus Gesteinsmehlpartikeln.

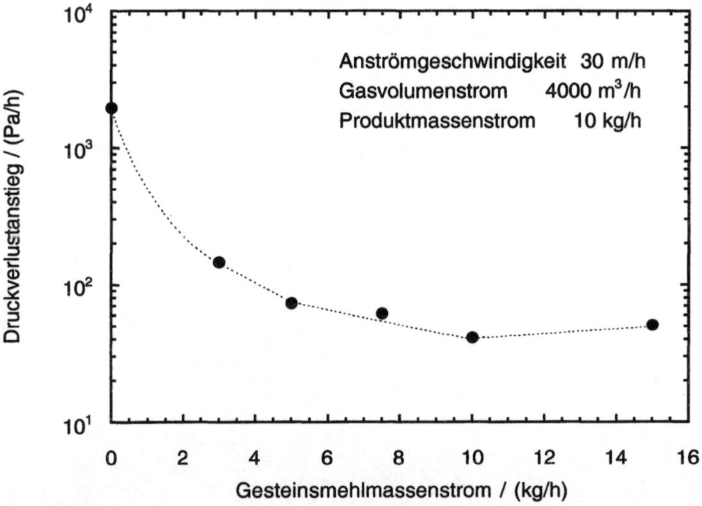

Bild 35 Einfluss einer Additivzugabe (Gesteinsmehl) auf die Druckverlustentwicklung einer Filteranlage (64 Schläuche á 5 m Länge) zur Abtrennung feinster Ammoniumnitrat- und Ammoniumsulfat-Partikeln beim EBDS-Prozess.

Bild 36 REM-Aufnahme eines durch die Zugabe von groben Gesteinsmehlpartikeln zu feinen Produktpartikeln porös aufgebauten Staubkuchens (Größe des Bildes: 110 µm * 77 µm).

Auch dieses Beispiel macht deutlich, dass durch eine gezielte Beeinflussung der Zusammensetzung des Rohgases das Betriebsverhalten einer Filteranlage entscheidend verbessert werden kann; hier wurde sogar erst die Verwendung einer bestimmten Bauform (Schlauchfilter), die bereits installiert war, ermöglicht. Im allgemeinen ist jedoch noch nicht geklärt, für welches Rohgas sich welche Additive zur Konditionierung besonders eignen. Hier spielen sowohl die Eigenschaften der Partikeln als auch die des Trägermediums wie Temperatur, Druck, chemische Zusammensetzung eine wichtige Rolle. Über das Zusammenspiel all dieser Faktoren fehlt jedoch noch weithin ein tieferes Verständnis. Hier besteht dringender Forschungsbedarf.

5 Konditionierung durch Flüssigkeitsdosierung

5.1 Partikelwachstum durch Heterogene Kondensation

Diese Variante der nassen Konditionierung beruht auf der Partikelvergrößerung durch heterogene Kondensation eines zunächst gasförmigen Fluids (meist Wasser) auf den Staubpartikeln. Das Prinzip der heterogenen Kondensation ist vereinfacht in Bild 37 wiedergegeben.

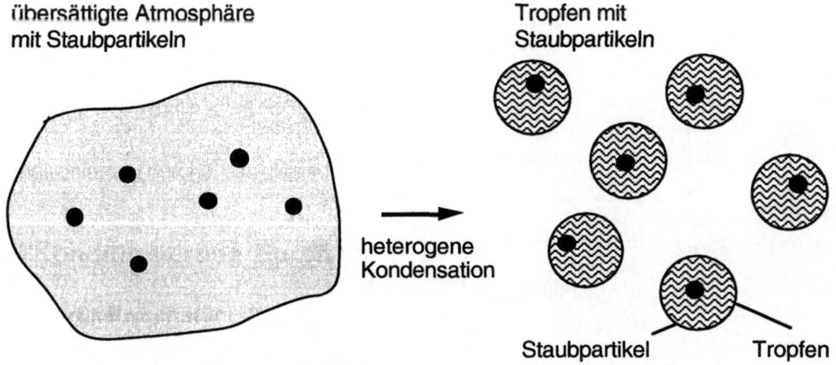

Bild 37 Prinzip des Partikelwachstums durch heterogene Kondensation.

Zunächst liegt eine Gas-Feststoff-Konfiguration derart vor, dass eine gesättigte Atmosphäre bezüglich des kondensierbaren Fluides vorhanden ist. Durch externe Maßnahmen wird eine Übersättigung eingestellt, so dass der gasförmige Zustand der kondensierbaren Phase thermodynamisch instabil wird. Aufgrund der thermodynamischen Gegebenheiten findet in dieser Situation bevorzugt die heterogene Kondensation des Fluids auf den Staubpartikeln statt, wodurch eine Vergrößerung dieser bewirkt wird. Ist die Übersättigung ausreichend groß, so dass eine entsprechend große Kondensatmenge zur Verfügung steht, kann ein erhebliches Tropfenwachstum stattfinden.

Von Schabel et al. [26] wurde das in Bild 38 schematisch dargestellte Verfahren entwickelt. Das mit feinsten Feststoffpartikeln beladene Gas wird zunächst auf eine Temperatur von ca. 200 °C erwärmt und dann durch Eindüsen feinster Wassertropfen mit Wasserdampf gesättigt. Dieses warme, mit Wasserdampf gesättigte Aerosol (Temperatur jetzt ca. 50 °C) wird dann einer von Büttner [27] entwickelten Mischdüse zugeführt. In dieser Düse wird ein ebenfalls mit Wasserdampf gesättigter, jedoch kälterer Gasstrom zugemischt (Temperatur ca. 18 °C). Durch die Vermischung der Gasströme kommt es zu einer Übersättigung mit Wasserdampf und somit zur heterogenen Kondensation des Wasserdampfes auf den Staubpartikeln.

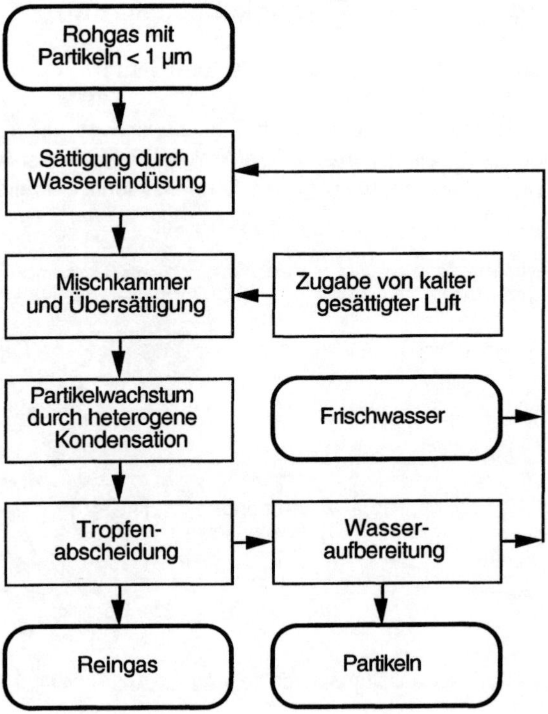

Bild 38 Vereinfachtes Verfahrensschema zur nassen Konditionierung eines Rohgases durch heterogene Kondensation mit sich anschließender Partikelabscheidung.

Experimentelle Untersuchungen haben gezeigt, dass bereits bei einer Übersättigung von 1,02 Feststoffpartikeln im Bereich von 80 nm zu 100 % aktiviert, d. h. zu größeren Tropfen konvertiert werden können. Die resultierende Tropfengröße liegt meist im Bereich 2...5 µm.

Nach dem Partikelwachstum durch Kondensation können die Tropfen in einem konventionellen Tropfenabscheider (Lamellen- oder Gitterabscheider) abgetrennt werden. Das Reingas enthält dann nur noch wenige feinste Partikeln, die nicht durch Kondensation vergrößert werden konnten. Die abgeschiedenen Tropfen werden der Wasseraufbereitung zugeführt. Hier erfolgt die Trennung von Feststoff und Flüssigkeit, so dass die überwiegende Menge des eingesetzten Wassers recycelt werden kann.

Bild 39 zeigt das Fließbild der gesamten Apparatur.

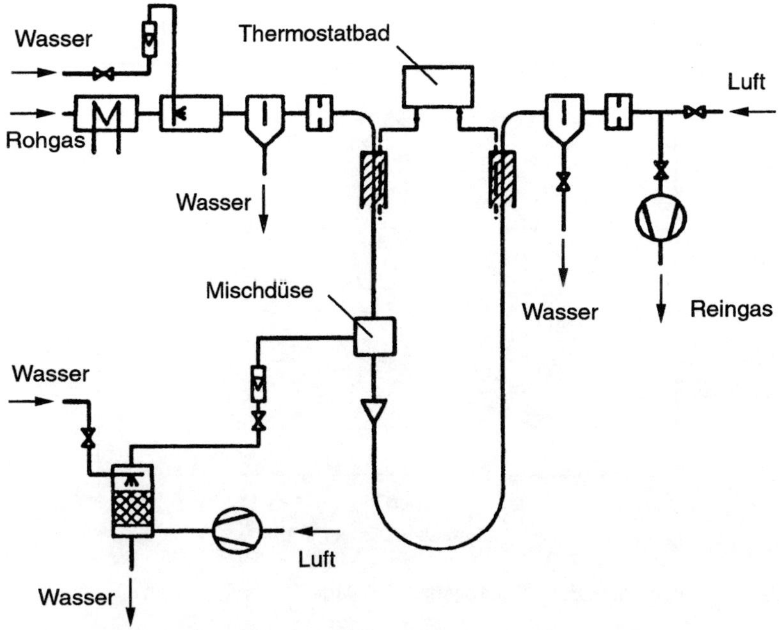

Bild 39 Vereinfachtes Fließbild des Konditionierungsverfahrens durch heterogene Kondensation.

Erste Messungen zur Bestimmung des Fraktionsabscheidegrades der gesamten Anordnung bestehend aus Konditionierer und Tropfenabscheider sind in Bild 40 wiedergegeben. Die Tropfenabscheidung erfolgte dabei durch Querstromklassierung. Die Anzahlverteilungssumme des Primäraerosols liegt im Bereich zwischen 20 nm und 800 nm. Der Trenngrad ist ab einer Partikelgröße von ca. 70 nm größer als 90 %. Unterhalb dieser Größe werden noch Werte deutlich über 70 % erreicht. Die Anzahlverteilungssumme des Feingutes, das sich im Reingas befindet, verschiebt sich aufgrund der in geringem Maße bevorzugten Abscheidung größerer Partikeln zu kleineren Werten.

Die hier gezeigten Ergebnisse veranschaulichen, dass die nasse Konditionierung durch heterogene Kondensation eine erfolgversprechende Methode zur Lösung des Problems der Abscheidung feinster Partikeln darstellt. Eine Umsetzung der Ergebnisse dieser Grundlagenuntersuchungen in den Betrieb einer Technikumsanlage zur Partikelabscheidung in berieselten Füllkörperkolonnen wird von Vogt et al. [28] beschrieben.

Der prinzipielle Aufbau der Anlage ist Bild 41 zu entnehmen.

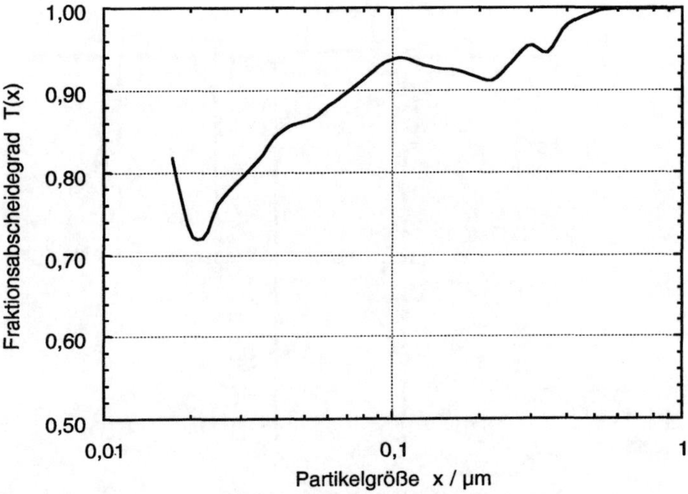

Bild 40 Trenngrad der in Bild 39 dargestellten Anlage.

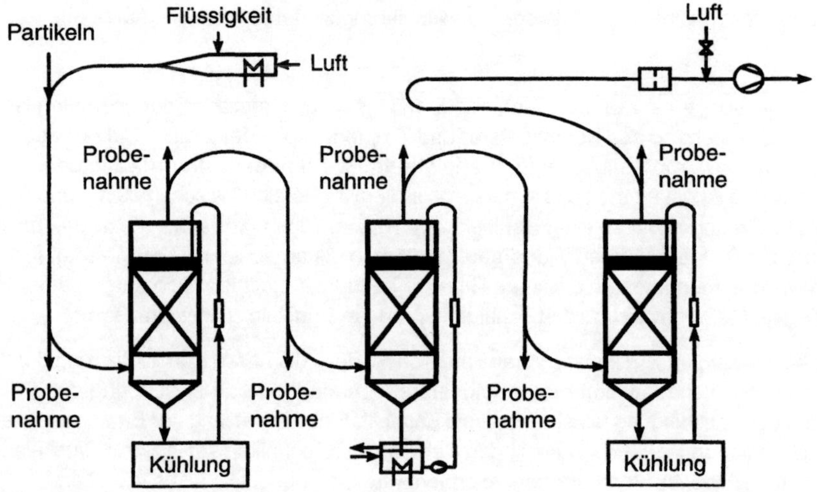

Bild 41 Schematische Darstellung einer Technikumsanlage zur Abscheidung submikroner Partikeln mittels berieselter Füllkörperkolonnen [28].

Die Generierung des Rohgases kann auf zwei Wegen erfolgen. Zum einen besteht die Möglichkeit, in angesaugte und eventuell aufgeheizte Umgebungsluft (bis zu 500 m^3/h) eine Salzlösung mittels einer Zweistoffdüse in Form feinster Tropfen einzuspritzen. Durch Tropfenverdampfung entsteht dann ein Salzaerosol submikroner Partikeln. Zum anderen können in den Gasstrom mittels eines Bürstendosierers feinste feste Partikeln dispergiert zugegeben werden.

Die drei in Reihe geschalteten Füllkörperkolonnen (Durchmesser 0,3 m; max. Packungshöhe 0,7 m) können mit Wasser höherer oder niedrigerer Temperatur als die des Gases berieselt werden. Volumenströme bis zu 5 m^3/h sind realisierbar. Dadurch kann eine ausreichende Übersättigung mit einem daraus resultierenden Tropfenwachstum erzielt werden. Die Abscheidung der nun hinreichend großen Tropfen erfolgt dann entweder in der Füllkörperkolonne selbst oder in einem nachgeschalteten Trägheitsabscheider.

Durch Probenahmestellen vor und nach jeder Kolonne kann das Tropfenwachstum als Funktion der diversen Einstellparameter experimentell untersucht und mit Ergebnissen von Modellrechnungen verglichen werden. In Bild 42 ist exemplarisch das Ergebnis einer solchen Messung dargestellt. Als Primärpartikeln resp. Kondensationskeime wurde ein durch Zerstäuben einer 0,1 %igen NaCl-Lösung erzeugtes Aerosol bereitgestellt. Die Partikelgrößenverteilung wurde mit einem Mobilitätsanalysator (SMPS) bestimmt; der Anzahlmedianwert liegt hier bei 70 nm.

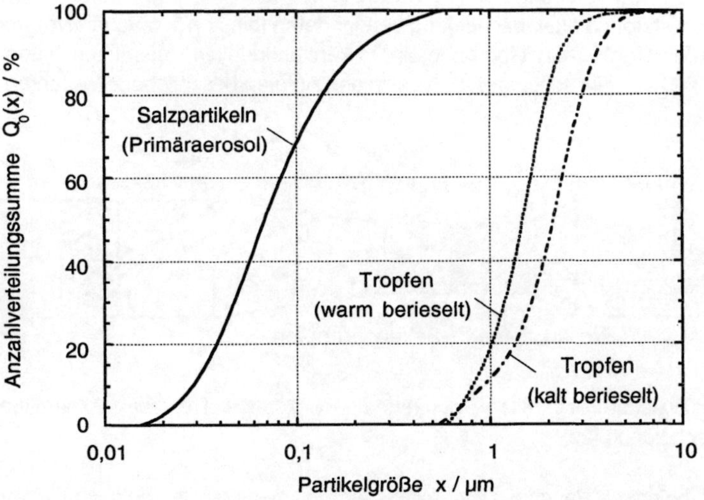

Bild 42 Partikelgrößenverteilung eines Primäraerosols aus NaCl-Partikeln und durch heterogene Kondensation resultierende Tropfengrößenverteilungen (vgl. Bild 41).

Im ersten Fall wurde das mit Wasser gesättigte Primäraerosol mit einer Temperatur von 13 °C in einer Kolonne mit 60 °C warmem Wasser berieselt. Im zweiten Fall wurde ebenfalls gesättigtes Primäraerosol von 60°C mit 12 °C kaltem Wasser konditioniert. Durch Messungen mit einem optischen Partikelzähler konnte nachgewiesen werden, dass in beiden Fällen wie erwartet durch Kondensation Tropfen entstehen, die aufgrund ihrer Größe durch herkömmliche Trägheitsabscheider zuverlässig aus dem Gasstrom abgetrennt werden können.

5.2 Tropfenwachstum über Wandungen

Neben der oben beschriebenen Entwicklung zur Partikelvergrößerung in der Gasphase wird bei der nassen Konditionierung auch der Weg der indirekten Agglomeration über die Oberflächen eines Verfahrensraumes beschritten. Das im folgenden kurz vorgestellte Verfahren wurde im Rahmen der Optimierung von konventionellen Nassabscheidern entwickelt.

Bei der konventionellen Nassentstaubung mittels Düsenwäschern erweist sich die Abscheidung feinster Partikeln im Bereich zwischen 10 nm und 1 µm als problematisch, da zum effizienten Einfangen dieser Feststoffpartikeln sehr feine Tropfen notwendig sind. Wird eine entsprechend kleine Tropfengröße gewählt, können dann Probleme bei der Tropfenabscheidung selbst auftreten. Bei dem von Backhaus et al. [29] vorgeschlagenen Verfahren wird versucht, nach dem Prinzip der indirekten Agglomeration die zunächst zur Feststoffpartikelabscheidung verwendeten feinsten Tropfen zu vergrößern und dann die vergrößerten Tropfen in einem konventionellen Umlenkabscheider abzutrennen. Bild 43 zeigt schematisch das von den Autoren beschriebene Verfahren.

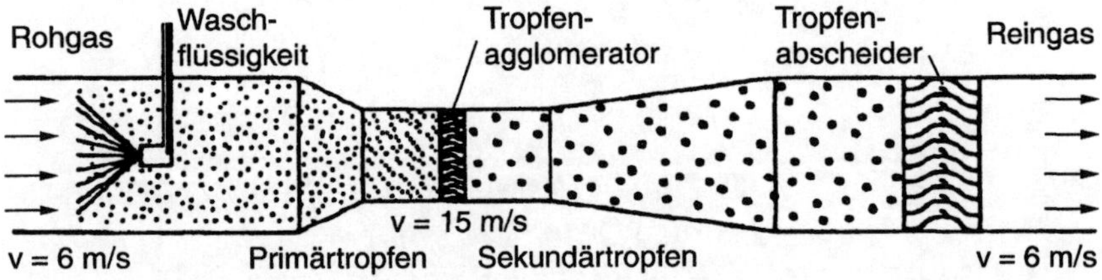

Bild 43 Nasswäsche mit feinsten Tropfen und nachfolgender Tropfenagglomeration und Tropfenabscheidung [29].

Das partikelbeladene Rauchgas wird mittels einer konventionellen Feinzerstäuberdüse mit Wassertropfen beladen. Im Bereich des Sprühkegels sowie stromabwärts davon erfolgt die Anlagerung der Feststoffpartikeln an die Tropfen (Primärtropfen). Im Tropfenagglomerator werden die Primärtropfen zu größeren Tropfen transformiert (Sekundärtropfen im Größenbereich von 30 µm bis 500 µm). Dem Tropfenagglomerator folgt ein konventioneller Tropfenabscheider, der die Sekundärtropfen aus der Gasströmung entfernt.

Wichtig bei diesem Verfahren ist, dass die Anlagerung der Feststoffpartikeln an die Tropfen vor der Tropfengrößentransformation stattfindet, da nur so ein Vorteil aus dem Einsatz primärer Feinsttropfen resultiert. Die Wirkungsweise des entwickelten Tropfenagglomerators ist in Bild 44 gezeigt. Die mit Primärtropfen beladene Gasströmung wird von den Lamellen zu einer Umlenkung gezwungen, so dass aufgrund der wirksamen Zentrifugalkräfte eine Abscheidung der Tropfen erfolgt. Im Bereich der Abscheidezone bilden die Tropfen einen Flüssigkeitsfilm. Die lokal sehr hohen Strömungsgeschwindigkeiten innerhalb des Lamellenagglomerators bewirken zum einen, dass sehr feine Tropfen bis herunter zu 5 µm abgeschieden werden, und zum anderen, dass der entstehende Film durch Schubspannungskräfte zur Lamellenhinterkante getrieben wird. An dieser Kante reißt der Film ab und zerfällt in große Tropfen, die problemlos und mit geringem Energieaufwand abgeschieden werden können.

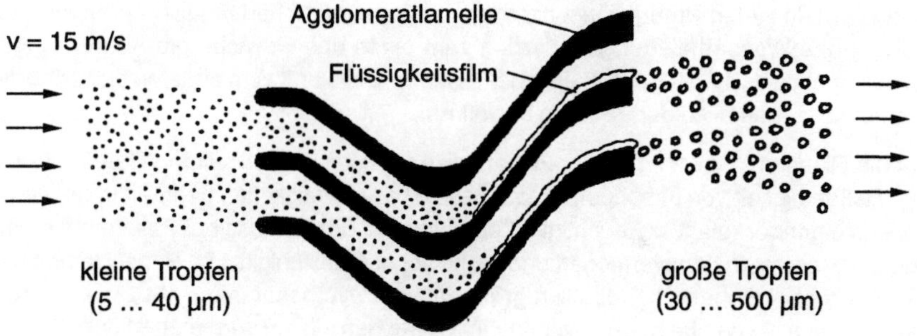

Bild 44 Funktionsprinzip des Tropfenagglomerators (vgl. Bild 43).

Untersuchungen am Großkraftwerk Mannheim haben die grundsätzliche Einsatzfähigkeit dieses Verfahrens bestätigt, wobei auch hier bereits festgestellt wurde, dass durch zusätzliche Zugabe von Wasserdampf eine Verbesserung des Gesamtabscheidegrades erzielt werden kann. Die Verbesserung des Gesamtabscheidegrades bei Dampfzugabe wird auf die oben beschriebene Wirkung der heterogenen Kondensation zurückgeführt.

5.3 Wassereinspeisung bei der Filtration

Mit der Zugabe von flüssigen Additiven in den Rohgasstrom einer Anlage zur Oberflächenfiltration wird in der Regel das Ziel verfolgt, die Kohäsivität der Partikeln so zu erhöhen, dass sich zum einen Partikeln schon in der Flugstaubphase zu Agglomeraten vereinigen; Partikeln, die miteinander kollidieren, bleiben auch aneinander haften. Zum anderen soll die Struktur des Kuchens so stabilisiert werden, dass die Komprimierbarkeit verringert wird, wodurch bei höheren Druckverlusten der Durchströmungswiderstand langsamer zunimmt. Die dafür nötige Haftkraftverstärkung kommt durch die Ausbildung von Flüssigkeitsbrücken zwischen den Partikeln zustande. Werden Ionen aus dem Festkörper heraus in der Flüssigkeit gelöst, so können bei einem späteren Verdampfen oder Verdunsten aus den Flüssigkeitsbrücken Festkörperbrücken entstehen, die eine noch viel größere Haftkraftverstärkung bewirken. Die Ausbildung von Agglomeraten in der Flugstaubphase führt zu einem Kuchen mit größeren Poren und vermindert das Eindringen von Partikeln in das Filtermedium. Darüber hinaus wird die Regenerierbarkeit erleichtert, wenn der Kuchen in Form von zusammenhängenden Bruchstücken abgeworfen wird. Das vermindert infolge der größeren Sedimentationsgeschwindigkeit in der Rohgaskammer die direkte Wiederanlagerung der Partikeln nach der Regenerierung an das Filtermedium.

Wie schon erwähnt wurde, haben die Eigenschaften der Partikeln und des Trägergases großen Einfluss auf das Betriebsverhalten von Oberflächenfiltern. Insbesondere der Wassergehalt der fluiden Phase ist bei der Staubabscheidung von großer Bedeutung, fallen doch in vielen Produktionsprozessen Abgase mit hohen relativen Feuchten an. Durch hohe Wasserbeladungen werden zum einen das Gewicht, die Abmessungen und die mechanischen Eigenschaften des Filtermediums und zum anderen das adhäsive und kohäsive Verhalten der Partikeln beeinflusst.

Für die Filtration sind bezüglich der Filtermedieneigenschaften vor allem Scheuer-, Knick- und Reißfestigkeit von besonderem Interesse. Diese Festigkeiten nehmen in der Regel mit ansteigender relativer Feuchtigkeit ab. Dabei ist der Einfluss bei Fasern mit einem hohen Wasseraufnahmevermögen und damit hoher Quellfähigkeit (z. B. bei Naturfasern wie Wolle oder Baumwolle) deutlich größer als bei Synthesefasern. Mit zunehmender Temperatur sinkt das Feuchtigkeitsaufnahmevermögen aller Fasern merklich ab. Bei den heute überwiegend eingesetzten Fasern auf Polyester-, Polyacrylnitril- oder PTFE-Basis lässt sich eine Beeinflussung der Struktur und damit des Durchströmungswiderstandes oder des Abscheidegrades des Filtermediums ausschließen. Auch mineralische Fasern (Glasfasern) verhalten sich gegenüber einer Feuchteeinwirkung weitgehend inert.

Befinden sich Partikeln in einem Gasstrom mit einer hohen relativen Feuchte, so werden vor allem deren Oberflächeneigenschaften und damit die Wechselwirkungen zwischen Partikeln und zwischen Partikeln und Filtermedium beeinflusst. Durch eine erhöhte Gasfeuchtigkeit wird nun in diese Wechselwirkungen in folgender Weise eingegriffen: An der Oberfläche der Partikeln kann es in einem feuchten Gas in einem mehr oder weniger starken Maße zur Adsorption von Wasserdampf kommen. Bei niedrigen relativen Feuchten, im sogenannten Adsorptionsschichtenbereich, ist die Veränderung der Hafteigenschaften in der Regel gering. Bei höheren relativen Feuchten kann eine Kapillarkondensation eintreten, bei der sich an den Kontaktstellen zwischen den Partikeln Flüssigkeitsbrücken ausbilden. Diese führen dann zu einer deutlichen Haftkraftverstärkung. Der Wert, den die relative Feuchte erreichen muss, damit es zur Kapillarkondensation kommen kann, hängt sowohl von den stofflichen und geometrischen Partikeleigenschaften als auch von Temperatur und Druck ab. Betrachtet man beispielsweise ein System aus Kalksteinpartikeln ($x_{50,3}$ = 3,5 µm) und Luft bei Umgebungsbedingungen, so setzt zwischen 50 % und 70 % relativer Feuchte Kapillarkondensation ein.

Starke Wechselwirkungen und damit eine hohe Kohäsivität und Adhäsivität zwischen den an der Filtration beteiligten Partnern können die schon erwähnten positiven Auswirkungen wie geringeren Druckverlust, gute Regenerierbarkeit und ein günstiges Wiederanlagerungsverhalten haben. Unter Umständen kann es dagegen bei sehr starken Haftkräften zum Verkleben des Filtermediums und damit zu Regenerierungs- und Abscheideproblemen kommen.

In Bild 45 ist die Wirkung der rel. Luftfeuchtigkeit auf den mit der dynamischen Gasviskosität multiplizierten spezifischen Durchströmungswiderstand des Filterkuchens bei der Filtration von Kalksteinstaub mit einem mittleren massenspezifischen Durchmesser von $x_{50,3}$ = 3,5 µm dargestellt. Diese Untersuchungen sind an einer in Bild 20 bereits skizzierten Laborfilteranlage mittels Eindüsung von Wasser durchgeführt worden [30]. Parameter der eingezeichneten Approximationskurven ist der erreichte Enddruckverlust, bei dem die Filtration abgebrochen wurde.

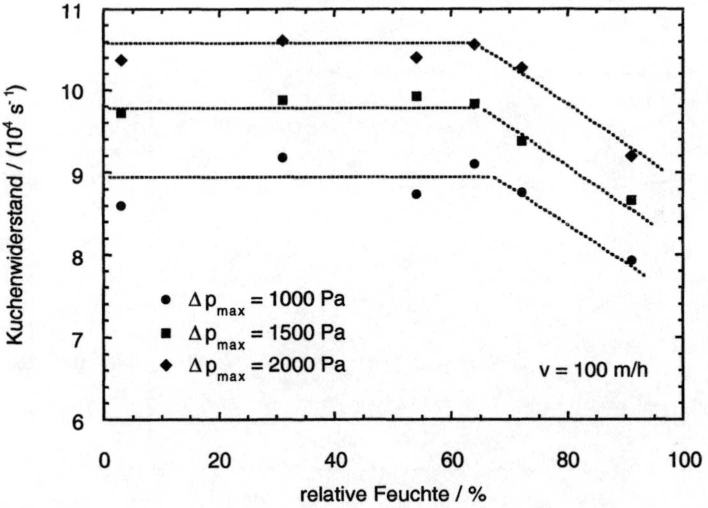

Bild 45 Einfluss der Gasfeuchte auf den Staubkuchenwiderstand bei unterschiedlichen Enddruckverlusten.

Es ist zu erkennen, dass bis zu 65 % relativer Gasfeuchte die Durchströmungswiderstände konstant bleiben. Erst bei höheren relativen Feuchten nehmen die Durchströmungswiderstände deutlich ab. Hier kommt es zur schon erwähnten Kapillarkondensation, die mit einer merklichen Haftkraftverstärkung einhergeht. Dadurch wird die Kuchenstruktur stabilisiert und Kompressionen und damit verbundene Durchströmungswiderstandserhöhungen durch die anliegende Druckdifferenz vermindert. Auch bei einer höheren Filteranströmgeschwindigkeit werden ähnliche Ergebnisse erzielt. Dort liegen die Durchströmungswiderstände höher und bis auf den Fall, wo bis zu einem Enddruckverlust von 1000 Pa filtriert worden ist, nehmen diese bei relativen Feuchten > 65 % ab. Bei dem geringsten Enddruckverlust reicht die anliegende Druckkraft nicht aus, den bei der hohen Strömungsgeschwindigkeit gebildeten, dichter gepackten Staubkuchen zu komprimieren.

In Bild 46 ist der Einfluss der Luftfeuchtigkeit auf den Regenerierungsgrad (Verhältnis abgeworfener zu anfiltrierter Staubmasse) bei einem konstanten flächenspezifischen Spülluftvolumenstrom von 186 m/h dargestellt. Die Werte der relativen Gasfeuchte beziehen sich auf den Filtrationsvorgang. Es wird deutlich, dass die bei der niedrigeren Geschwindigkeit v = 100 m/h anfiltrierten Staubkuchen leichter abzuwerfen sind, als die durch schnelle Filtration (v = 165 m/h) zustande gekommenen. Mit zunehmendem Enddruckverlust Δp_{max} und damit größerer anfiltrierter Staubmasse steigen die Regenerierungsgrade ebenfalls. Das ist auch schon bei früheren Untersuchungen festgestellt worden und wird mit der bei größeren abgeschiedenen Staubmassen verminderten Rissbildung erklärt, wodurch weniger Spülgas ungenutzt entweicht [31].

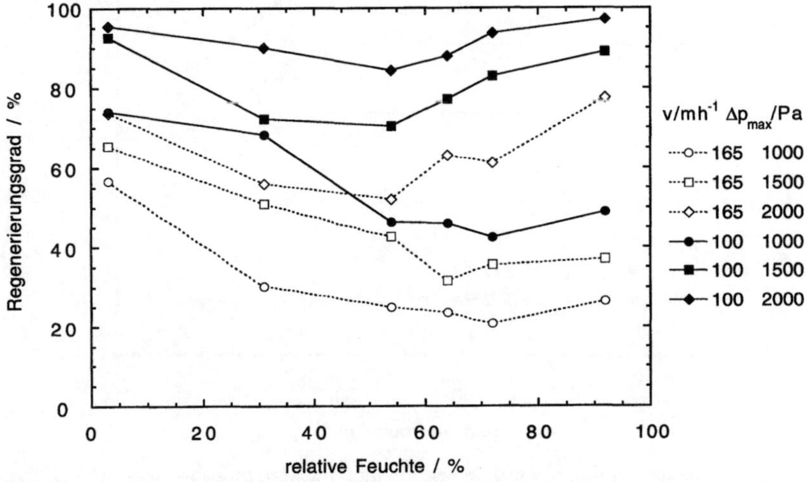

Bild 46 Einfluss der Gasfeuchte auf den Regenerierungsgrad bei unterschiedlichen Anströmgeschwindigkeiten und Enddruckverlusten.

Betrachtet man den Einfluss der Luftfeuchtigkeit, so nehmen die Regenerierungsgrade mit ansteigender relativer Feuchte zunächst ab. Hier dürfte eine Haftkraftverstärkung durch adsorbiertes Wasser zu einer Erschwerung der Ablösung des Kuchens führen. Außerdem ist ein ausgeprägtes Minimum des Regenerierungsgrades bei relativen Feuchten zwischen 50 % und 70 % zu bemerken. Das ist genau der Bereich, in dem die Kapillarkondensation einsetzt. Wie schon dargestellt wurde, nehmen die Durchströmungswiderstände bei größeren Feuchtigkeiten ab, was bei gleichem Enddruckverlust zu einer größeren abgeschiedenen Staubmasse führt. Dadurch und durch die mit dem geringeren Durchströmungswiderstand einhergehende größere Porosität und damit geringere Kontaktstellenzahl nimmt dann bei gleicher Spülluftgeschwindigkeit der Regenerierungsgrad zu.

Neben den hier vorgestellten Untersuchungen sind eine ganze Reihe anderer veröffentlicht, die sich ebenfalls mit dem Einfluss der relativen Feuchte auf die Staubabscheidung beschäftigten (z. B. [32], [33] und [34]). Ergebnis ist, dass der Feuchteeinfluss sich im allgemeinen als sehr komplex erweist. Ist die relative Feuchte nicht zu groß, so wird dadurch ein relativ günstiges Betriebsverhalten mit geringem Druckverlust und leichter Regenerierbarkeit erreicht. Bei extrem großen Feuchtegehalten kann es aber zu Problemen hinsichtlich des Verklebens des Kuchens mit dem Filtermedium kommen. Dann ist unter Umständen der Einsatz von sog. Filterhilfsstoffen zu empfehlen. Diese, oft auf Aluminiumsilikat basierenden Pulver, sind sehr hygroskopisch, haben deshalb ein hohes Wasseraufnahmevermögen, neigen jedoch nicht zum Verkleben.

5.4 Wassereinspeisung bei der Elektrischen Abscheidung

Die Konditionierung von Kraftwerksrauchgasen durch Einspritzen von Wasser in einen Verdampfungskühler wird von Reißmann und Mayer-Schwinning [35] beschrieben. Dabei wird das Rauchgas eines Schmelzzyklonkessels (150 MW) aus dem ursprünglich vorhandenen Elektrischen Abscheider in einen Verdampfungskühler (Durchmesser 10,5 m; aktive Höhe 32,9 m) geleitet. Das Gebläse ist in dem Kanal untergebracht, der das nun konditionierte Gas zum nachgeschalteten Elektrischen Abscheider führt. Bild 47 zeigt schematisch die Anordnung der wesentlichen Anlagenkomponenten.

Im Verdampfungskühler können die Rauchgase durch Wassereindüsung von 150 °C bis auf 80 °C abgekühlt werden. Dadurch sinkt der Betriebs-Volumenstrom und die Verweilzeit im Elektrischen Abscheider nimmt zu. Außerdem steigt der Taupunkt von 35 °C auf 45 °C an. Der spezifische elektrische Staubwiderstand wird aufgrund dieser Maßnahme um mehr als zwei Zehnerpotenzen abgesenkt (siehe Bild 48). Weiterhin erhöht sich die Durchschlagsfestigkeit des Systems so stark, dass die Hochspannung von 40 kV auf 60 kV angehoben werden kann. Die Partikelkonzentration im Reingas reduziert sich als Folge all dieser Effekte von 600 mg/m^3 bis auf 30 mg/m^3. Dieses entscheidende Ergebnis wird unabhängig davon erreicht, ob eine australische, eine südafrikanische oder eine Ruhr-Kohle eingesetzt wird.

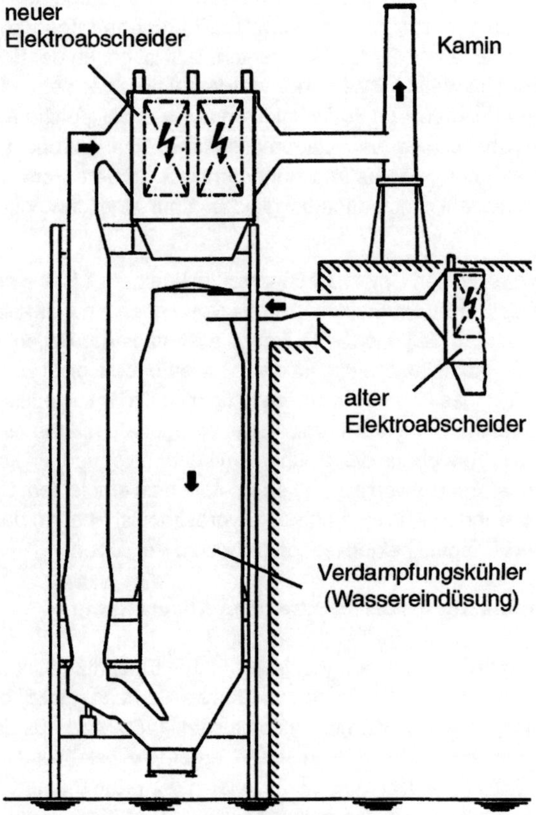

Bild 47 Schematische Darstellung der Konditionierungs- und der Abscheidestufe einer Rauchgasreinigungsanlage [35].

Dieses Beispiel zeigt eindrucksvoll, dass das Einspritzen von Wasser eine ernstzunehmende Alternative zur ansonsten überwiegend eingesetzten Konditionierung mit Schwefeltrioxid darstellt. Haben beispielsweise bei Altanlagen veränderte Betriebsbedingungen des Kessels oder die Wahl einer anderen Kohle, für die der Elektrische Abscheider nicht ausgelegt ist, die Staubemission erhöht, kann durch die Konditionierung mit Wasser der Staubauswurf technisch einfach und dazu wirtschaftlich wieder gesenkt werden.

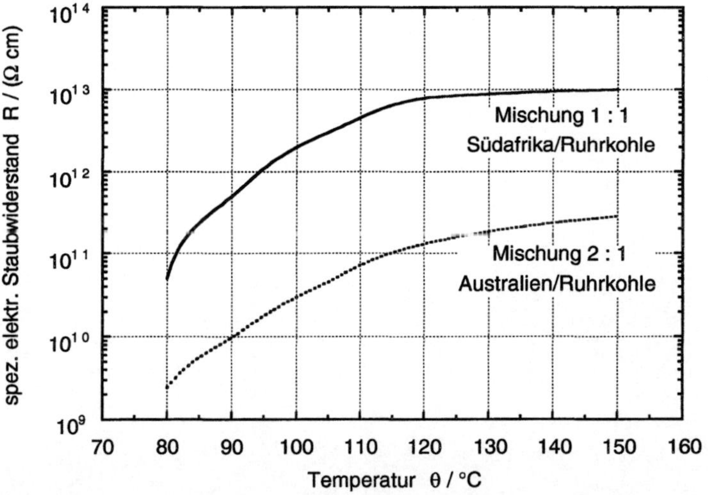

Bild 48 Spezifischer elektrischer Staubwiderstand von Flugaschen unterschiedlicher Kohlen als Funktion der Rauchgastemperatur (Abkühlung erfolgt durch Wassereindüsung, vgl. Bild 47).

6 Konditionierung durch Gasdosierung

6.1 Dosierung von Gasen bei der Filtration

Gasförmige Additive sollen im Rohgasstrom oder im Filterkuchen an die Partikeln adsorbiert werden, um so die Wechselwirkungen zu beeinflussen. Die an der Partikeloberfläche adsorbierten Schichten vergrößern die Haftfläche, über die interpartikuläre Kräfte wirken und verringern den Haftabstand zwischen Partikeln durch Ausfüllen von Oberflächenrauhigkeiten. Ist die Adsorption von Gasen genügend groß, kann es durch Kapillarkondensation zur Ausbildung von Flüssigkeitsbrücken kommen. Der Mechanismus der Haftkraftverstärkung ist dann derselbe wie der in Abschnitt 5.3 beschriebene.

Es wird auch diskutiert, mit Hilfe von Gas-Feststoff-Reaktionen im Filterkuchen oder in der Flugstaubphase eine Schadgasminderung zu erreichen (siehe [36] und [37]). Dabei werden Sorbentien dem Rohgasstrom als Additive zugegeben bzw. gasförmige oder flüssige Additive reagieren mit den Schadgasen zu festen Produkten, die dann am Filter abgeschieden werden können.

Unabhängig vom Aggregatzustand ist bei der Zugabe eine gleichmäßige Verteilung der Additive im Gasstrom und eine Verhinderung von Strähnenbildung anzustreben. Der Erfolg hängt entscheidend von der Erzeugung einer möglichst homogenen Mischung aus Rohgas und Additiv ab. Auch ist darauf zu achten, dass die Verweilzeit des Additivs ausreichend groß ist, da die Mechanismen der Anlagerungs-, Adsorptions- und Reaktionsvorgänge zeitabhängig sind. Bei gasförmigen Additiven ist weiterhin eine genaue Zudosierung wichtig, um so den Schlupf von Komponenten zu minimieren.

Im folgenden soll dargestellt werden, wie durch die Verwendung von NH_3 und SO_3 als Additive zu einem flugaschebeladenen Rauchgasstrom das Betriebsverhalten einer Schlauchfilteranlage verbessert werden konnte [38]. Die Untersuchungen wurden an einer Testanlage ausgeführt, die mit einem Kohlestaubbrenner (0,16 MW) ausgerüstet war. Die Temperatur im Filterhaus betrug ca. 150 °C und die Regenerierung des Filtermediums wurde durch Druckstoß zeitgesteuert alle 30 Minuten durchgeführt. Als Filtermedien kamen verschiedene Materialien zum Einsatz, z. B. Polyphenylensulfid oder Glasfaser.

Die Konditionierung des Abgases erfolgte durch Einbringen geringer Mengen an NH_3 und SO_3 in den Rohgasstrom stromauf der Filteranlage. Die Konzentrationen der Additive lagen im Bereich von 6 ppm und 24 ppm. In Bild 49 ist der Verlauf des Druckverlustes als Funktion der Zeit bei der Filtration mit und ohne einer solchen Konditionierung zu erkennen.

Es wird deutlich, dass eine eindrucksvolle Verbesserung des Betriebsverhaltens durch die Verwendung von NH_3 und SO_3 als Additive zum Rohgas erzielt wird. Der Druckverlustanstieg verläuft wesentlich flacher, die Enddruckverluste können um bis zu 75% reduziert werden. Betrachtet man die Restdruckverluste, so stellt man fest, dass diese bei konditioniertem Rohgas ebenfalls deutlich kleiner sind; die Regenerierung des Filtermediums gelingt bei dem mit konditionierten Partikeln gebildeten Filterkuchen also deutlich besser.

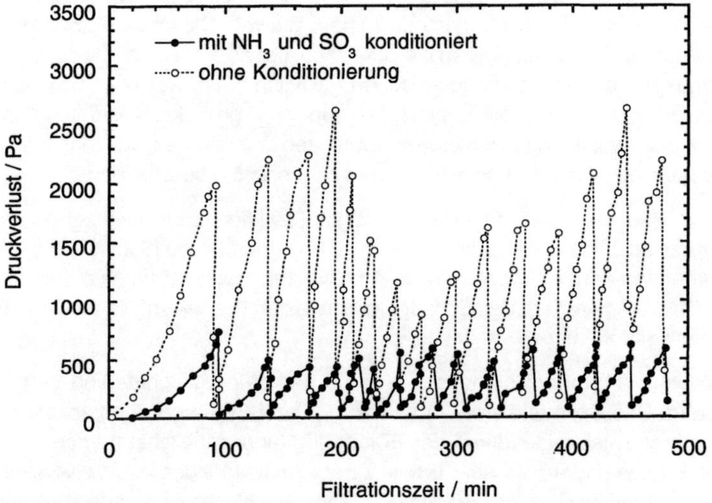

Bild 49 Einfluss einer Additivdosierung (24 ppm NH_3, 12 ppm SO_3) auf den zeitlichen Verlauf des Druckverlustes einer Schlauchfilteranlage (Flugasche, v = 110 m/h) [38].

Wie weitere Untersuchungen zeigten, konnte der Reingasstaubgehalt durch die Konditionierung des Rauchgases bei Verwendung des Polyphenylensulfid-Filzes nicht positiv beeinflusst werden. Das liegt im wesentlichen an dem schon sehr hohen Abscheidegrad, der ohne Konditionierung erreicht werden konnte und an der Art der Regenerierungssteuerung. Würde druckverlustgesteuert regeneriert werden, so könnten die Regenerierungsfrequenz und damit die Partikelemissionen deutlich reduziert werden.

Bei der Verwendung eines Gewebes aus Glasfasern ist jedoch eine Verringerung des Reingasstaubgehalts durch Konditionierung des Abgases festzustellen, wie aus Bild 50 ersichtlich ist. Die Rohgaskonzentration betrug hierbei 2,5 g/m^3. Dabei nimmt zum einen die Reingaskonzentration direkt nach dem Regenerierungsvorgang um den Faktor fünf ab. Zum anderen sinkt die Konzentration im Verlauf der Filtration dramatisch. Nach der Regenerierung geht die Reingaskonzentration auf ca. ein Tausendstel des Wertes ohne Konditionierung zurück.

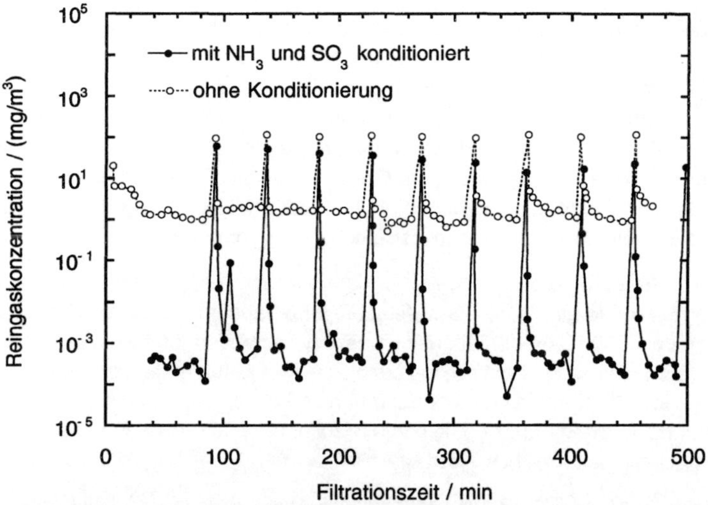

Bild 50 Einfluss einer Additivdosierung auf den zeitlichen Verlauf der Emission einer Schlauchfilteranlage [38].

Die hier dargestellte Verbesserung des Betriebsverhaltens der Schlauchfilteranlage ist mit einer Erhöhung der Kohäsivität der Partikeln zu erklären. Die Additive verändern die Oberflächeneigenschaften der Flugaschepartikeln, was zu größeren Haftkräften und damit einem stabileren, poröseren Filterkuchen führt. Dabei wird angenommen, dass es zu einer aufeinanderfolgenden Adsorption der beiden Gase kommt, was zu einer Ausbildung von Flüssigkeitsbrücken von Ammoniumhydrogensulfat an den Partikelkontaktpunkten führt. Bei ausreichender Konzentration der Reaktanden und genügend langer Reaktionszeit können diese Flüssigkeitsbrücken in Festkörperbrücken aus Ammoniumsulfat übergehen, wodurch eine weitere Steigerung der Wechselwirkungen zwischen den Partikeln erreicht wird. Wie schon ausgeführt wurde, hat dies einen sehr günstigen Einfluss auf den Filtrationsprozess, sowohl bezüglich des Druckverlustes als auch der Regenerierung.

Es wurde also gezeigt, dass durch Rauchgaskonditionierung mit relativ geringen Mengen an NH_3 und SO_3 das Betriebsverhalten einer Schlauchfilteranlage hinsichtlich des zyklischen Druckverlustanstieges, des Restdruckverlustes und der Staubemissionen deutlich verbessert werden kann.

6.2 Dosierung von Gasen bei der Elektrischen Abscheidung

Die Dosierung von gasförmigem Schwefeltrioxid (SO_3) in aus Kraftwerken stammende Rauchgase ist die am weitesten verbreitete und auch im großtechnischen Maßstab am häufigsten realisierte Form der Konditionierung. Neben dem beschriebenen SO_3 werden weniger verbreitet auch Ammoniak (NH_3) und Triethylamin zur Rauchgaskonditionierung eingesetzt [39]. Man findet diese Verfahren sowohl als Nachrüstungsmaßnahme bei bestehenden Anlagen, die geforderte Grenzwerte beispielsweise bei der Umstellung auf andere Brennstoffe nicht mehr einhalten, oder bei Neuanlagen, die hierdurch vergleichsweise klein bei geringeren Investitionskosten gebaut werden können [40].

Das zudosierte Gas SO_3 reagiert mit Wasserdampf zu schwefliger Säure und weiterhin zu Schwefelsäure. Die gebildete Schwefelsäure wird dabei insbesondere bei Temperaturen kleiner als 300 °C an der Oberfläche der abzuscheidenden Partikeln adsorbiert und erhöht deren elektrische Leitfähigkeit um bis zu zwei Zehnerpotenzen. Sie reduziert demnach den spezifischen Staubwiderstand ganz erheblich, so dass so insbesondere bei Verbrennung schwefelarmer Kohle oder Heizöl ein einwandfreies Funktionieren der Elektrischen Abscheider erreicht werden kann [41].

Bei Kraftwerken sind zur SO_3-Rauchgaskonditionierung speziell entwickelte Anlagen in Betrieb, die entweder SO_2, SO_3 oder H_2SO_4 verdampfen oder Flüssigschwefel resp. feste Modifikationen in separaten Öfen verbrennen (vgl. u. a. [42] und [43]). Das dabei zunächst entstehende SO_2 wird in einem Reaktor mit heißer Luft von ca. 450 °C katalytisch an beispielsweise Vanadiumpentoxid zu SO_3 aufoxidiert und anschließend in den Rauchgasstrom vor dem Elektroabscheider gleichmäßig eingedüst. Typische Zugabemengen an SO_3 in Kraftwerken liegen bei 5...40 ppm bezogen auf das Rauchgasvolumen. Eine Überdosierung ist allerdings zu vermeiden; es sollte weitestgehend alles SO_3 an den Partikeln adsorbiert werden. Wird ein Wert von ca. 5 ppm im Reingas überschritten, können Korrosionsprobleme stromabwärts des Elektrischen Abscheiders und unerwünschte Emissionen auftreten.

Eine alternative Methode zur SO_3-Erzeugung wird von Würth [41] bei der Sanierung eines Elektroabscheiders hinter eines mit Erdgas befeuerten Gipsbrennofens beschrieben. Die zugelassene Partikelkonzentration im Reingas von 50 mg/m^3 wurde bei einem Gasvolumenstrom von 51000 m^3/h (bei 160 °C) um mehr als das 60fache überschritten. Als wahrscheinliche Ursache wurde der hohe spezifische Staubwiderstand von $10^{13}...10^{14}$ Ωcm und daraus resultierendes Rücksprühen (vgl. Abschnitt 2.4) angesehen. Zur Abhilfe wurden mit Hilfe eines Schneckendosierers und eines Druckluftinjektors kalzinierter, feingemahlener, im wesentlichen aus $CaSO_4 \cdot 1/2H_2O$ bestehender Stuckgips in einer Menge von 3,5 kg/h in die Brennkammer eingedüst. Bei den dort herrschenden Temperaturen von über 700 °C erfolgte eine Zersetzung in CaO und das gewünschte SO_3. Der Staubauswurf sank ob der oben beschriebenen Wirkung des Konditionierungsmittels schließlich innerhalb weniger Minuten deutlich unter den zulässigen Grenzwert.

7 Formelzeichen

c_N	Partikelanzahlkonzentration
c_{rein}	Reingaspartikelkonzentration
c_{roh}	Rohgaspartikelkonzentration
f	Frequenz
F_i	Kraft
i	Laufvariable
n	Anzahl
p	Druck
q_P	elektrische Ladung
Q_r	Verteilungssumme
r	Mengenart
R	spezifischer elektrischer Staubwiderstand
S	Partikeloberfläche
t	Zeit
U	elektrische Spannung
v	Gasgeschwindigkeit
x	Partikelgröße
$x_{50,3}$	Massenmedianwert
z_P	Partikelamplitude
z_g	Gasamplitude
ε_r	relative Dielektrizitätskonstante
η_g	dynamische Viskosität des Gases
r_P	Partikeldichte
μ_m	Mitführungskoeffizient
θ	Temperatur

8 Literatur

[1] Gutsch, A., Agglomeration feinster gasgetragener Partikeln unter dem Einfluß elektrischer Kräfte, Dissertation Universität Karlsruhe, 1995.

[2] Watanabe, T., Tochikubo, F., Koizumi, Y., Tsuchida, T., Proceedings of the 5th Int. Conference, Washington DC., USA, 1993.

[3] Elliason, B., Egli, W., Ferguson, J. R., Jodeit, H., J. Aerosol Sci. 1987, 18, 869 ff.

[4] Gutsch, A., Löffler, F., J. Aerosol. Sci. 1994, 25, 307 ff.

[5] Schmidt, E., Müller, O., Strömungskräfte auf Partikeln in Gasen, Düsseldorf: VDI-Verlag, 1997.

[6] Wadenpohl, C., Elektrostatisch untersützte Abscheidung von Dieselrußpartikeln in Fliehkraftabscheidern, Dissertation Universität Karlsruhe, 1994.

[7] Schmidt, E., Elektrische Beeinflussung der Partikelabscheidung in Oberflächenfiltern, Dissertation Universität Karlsruhe, 1991.

[8] Schmidt, M., Theoretische und experimentelle Untersuchungen zum Einfluß elektrostatischer Effekte auf die Naßentstaubung, Dissertation Universität Karlsruhe, 1993.

[9] Gallego, J., A. et al., in: High temperature gas cleaning, ed. by E. Schmidt et al., Institut für Mechanische Verfahrenstechnik und Mechanik der Universität Karlsruhe, 1996.

[10] Magill, J., Proceedings Ultrasonics International, Madrid, 1988.

[11] Shaw, D. T., Acoustic Agglomeration of Aerosols, Chapter 13 in: Recent Developments in Aerosol Science, New York: Wiley, 1978.

[12] Schetter, B., Funcke, J., Agglomeration der dispersen Phase von Aerosolen durch starke Schallfelder, Düsseldorf: VDI-Verlag, 1990.

[13] Hnatkow, R., Acustica 1988, 119 ff.

[14] Chou, K. H., Lee, P. S., Shaw, D. T., J. Colloid Interface Sci. 1981, 82, 335 ff.

[15] Silc, J., Tuma, M., Staub-Reinh. Luft 1994, 54, 183 ff.

[16] Brandt, O., Kolloid - Z. 1936, 77, 103 ff.

[17] Bergmann, L., Der Ultraschall und seine Anwendung in Wissenschaft und Technik, Stuttgart: S. Hirzel Verlag, 1954.

[18] Magill, J., Caperan, Ph., Sommers, J., Richter, K., J. Aerosol Sci. 1991, 22, 27 ff.

[19] Funcke, G., Frohn, A., Proceedings of the Fourth Int. Aerosol Conference, Los Angeles, USA, 1994.

[20] Magill, J., Caperan, Ph., Somers, J., Richter, K., Fourcaudot, S., Barraux, P., Lajarge, P., J. Aerosol Sci. 1992, 23, 803 ff.

[21] Donovan, R. P., Fabric filtration for combustion sources, New York, Basel: Dekker, 1985.

[22] Litt, R. D., Dorchak, T. P., Proceedings Ninth EPRI Particulate Control Symposium, Williamsburg, USA, 1991.

[23] Cushing, K. M., Felix, L. G., LaChance, A. M., Proceedings Fifth Symposium on the Transfer and Utilization of Particulate Control Technology, Kansas City, USA, 1984.

[24] Cushing, K. M., Belba, V. H., Chang, R. L., Boyd, T. J., Proceedings Ninth EPRI Particulate Control Symposium, Williamsburg, USA, 1991.

[25] Schmidt, E., Abscheidung von Partikeln aus Gasen mit Oberflächenfiltern, Düsseldorf: VDI-Verlag, 1998.

[26] Schabel, S., Heidenreich, S., Sachweh, B., Büttner, H., Ebert, F., J. Aerosol. Sci. 1994, 25, 459 ff.

[27] Büttner, H., Untersuchungen über den Einfluß von Kondensationsvorgängen in naßarbeitenden Abscheidern, Dissertaion Universität Kaiserslautern, 1978.

[28] Vogt, U., Heidenreich, S., Büttner, H., Ebert, F., Preprints Fourth European Symposium Separation of Particles from Gases at PARTEC, Nürnberg, 1998, 354-363.

[29] Backhaus, A., Conrads, M., Wurz, D., Zimmermann, M., Projekt Europäisches Forschungszentrum für Maßnahmen der Luftreinhaltung (PEF), Karlsruhe, 1988.

[30] Schmidt E, Pilz T, Staub-Reinhalt. Luft 1995, 55, 31-35 und 65-70.

[31] Sievert, J., Physikalische Vorgänge bei der Regenerierung des Filtermediums in Schlauchfiltern mit Druckstoßabreinigung, Düsseldorf: VDI-Verlag, 1988.

[32] Durham, J., F., Harrington, E., Filtration & Separation 1971, 8, 389-398.

[33] Iinoya, K., Mori, Y., (1979), Proceedings 2nd Symposium on the Transfer and Utilization of Particulate Control Technology, 1979, Vol III, 237-250

[34] Pilz, T., Zu den Wechselwirkungen bei der Oberflächenfiltration unter besonderer Berücksichtigung der Heißgasreinigung mit keramischen Filtern, Dissertation Universität Karlsruhe, 1996.

[35] Reißmann, H., Mayer-Schwinning, G., Energie 1983, 35, 15-17.

[36] Gäng, P., Die kombinierte Abscheidung von Stäuben und Gasen mit Abreinigungsfiltern bei hohen Temperaturen, Dissertation Universität Karlsruhe, 1990.

[37] Peukert, W., Die kombinierte Abscheidung von Partikeln und Gasen in Schüttschichtfiltern, Dissertation Universität Karlsruhe, 1990.

[38] Miller, S., J., Laudal, D., L., Chang, R., Proceedings Eighth EPRI Particulate Control Symposium, San Diego, USA, 1990.

[39] Porle, K., Bradburn, K., Bader, P., Proceedings 6th International Conference on Electrostatic Precipitation, Budapest, 1996, 417-426.

[40] Szwed, H., Bach, St., Proceedings 6th International Conference on Electrostatic Precipitation, Budapest, 1996, 427-431.

[41] Würth, K., E., Zement-Kalk-Gips 1989, 5, 247-248.

[42] Thordsen, J. et al., Proceedings 6th International Conference on Electrostatic Precipitation, Budapest, 1996, 432-437.

[43] Crynack, R., R., Proceedings 6th International Conference on Electrostatic Precipitation, Budapest, 1996, 394-399.